父母恩重难报经

释证严 讲述

图书在版编目(CIP)数据

父母恩重难报经/释证严讲述. —上海:复旦大学出版社,2016.8
(证严上人著作·静思法脉丛书)
ISBN 978-7-309-12316-6

Ⅰ.父⋯ Ⅱ.释⋯ Ⅲ.①孝-研究-中国②佛经-解释 Ⅳ.①B823.1②B942

中国版本图书馆 CIP 数据核字(2016)第 106838 号

原版权所有者:静思人文志业股份有限公司授权复旦大学出版社出版发行简体字版

慈济全球信息网:http://www.tzuchi.org.tw/
静思书轩网址:http://www.jingsi.com.tw/
苏州静思书轩:http://www.jingsi.js.cn/

父母恩重难报经
释证严 讲述
责任编辑/邵 丹

复旦大学出版社有限公司出版发行
上海市国权路 579 号 邮编:200433
网址:fupnet@fudanpress.com http://www.fudanpress.com
门市零售:86-21-65642857 团体订购:86-21-65118853
外埠邮购:86-21-65109143
上海市崇明县裕安印刷厂

开本 890×1240 1/32 印张 7.375 字数 122 千
2016 年 8 月第 1 版第 1 次印刷
印数 1—4 100

ISBN 978-7-309-12316-6/B·579
定价:28.00 元

出版说明

　　《父母恩重难报经》最初由台湾慈济人文出版社在台湾出版发行。

　　证严上人，台湾著名宗教家、慈善家，一九三七年出生于台湾台中的清水镇。一九六三年，依印顺导师为亲教师出家，师训"为佛教，为众生"。是全球志工人数最多的慈善组织——慈济基金会的创始人与领导人，开创慈济世界"慈善""医疗""教育""人文"四大志业。二〇一〇年，被台湾民众推选为"最受信赖的人"。如今遍布全球的慈济人，出现在全世界许许多多有灾难与苦痛的地方，通过亲手拔除人们的苦与痛，实践上人三愿：人心净化，社会祥和，天下无灾难。

　　证严上人及慈济基金会的各种义举，得到国家有关部门的重视和肯定。二〇〇六年，慈济基金会获得"中华慈善奖"。二〇〇八年，海峡两岸关系协会会长陈云林访台期间，特意前去拜访证严上人，并对慈济基金会在大陆的各项慈善行为，做出了高度的评价。二〇一〇年八月，经国务院批准，慈济慈善事业基金会在江苏省苏州市挂牌成立，成为大陆第一家，也是唯一一家由境外非营利组织成立的全国性基金会。

一九八九年，证严上人发表了第一本著作《静思语》(第一集)；此后的数十年来，证严上人的著作，涵盖讲说佛陀教育的佛典系列，以及引导人生方向与实践经验的结集；这些坚定与柔美的智慧话语，解除了众多烦恼心灵的苦痛与焦躁。因而有这样的说法——

　　无数的失望生命，因展读上人的书而回头；
　　无数的禁锢心灵，因展读上人的书而开放；
　　许多的破碎家庭，因展读上人的书而和乐；
　　许多的美善因缘，因展读上人的书而具足。

证严上人的著作问世后，在海内外均产生广泛且持久的影响。最近复旦大学出版社获得静思人文志业股份有限公司授权，在中国大陆推出"证严上人著作·静思法脉丛书"的简体字版，包括：静思语录、人生专题、佛教经典、随缘开示等书系。

《父母恩重难报经》属于佛教经典书系。

证严上人以深邃明彻的智慧，阐释佛教中的亲子观，同时活泼地诠释现代为人子女者与父母相对之礼。希望人人珍惜生命的来源，利用父母赐予的身体，为社会多做一些有意义的事，并将所做的每一分善福功德回归于父母，时时刻刻报答父母恩，实现幸福圆满的天伦亲情。

希望本书能给读者以启迪。

复旦大学出版社

二〇一五年十二月

前　言

　　佛教中有句话说："人身难得。"今天我们已得人身，这个人身是从哪里来的呢？当然是从父母而来。有了人身，才得听闻佛法，闻了佛法才能断生死，所以我们一定要知父母恩、报父母恩。

　　我们都晓得"百善孝为先"，既要学菩萨，就要具足一切善行；既然要具足一切善行，也就不能缺少孝思、孝念和孝行。

　　一般人都知道儒家提倡孝道，其实佛教也很注重孝道；佛教不但提倡入世的孝道，更提倡出世的大孝——不只于父母在世时，必须供养物质，更须重视父母心灵的超脱，使其不受六道所羁。在佛教的经典中，被称为孝经的有《地藏经》，以及《父母恩重难报经》。

　　每个人都有父母，而且很多人也已身为人父母。既然上有父母，更要知道父母恩；下有子女，就应该做子女的楷模，若希望子女怎样对待自己，就必须先从自己对待父母的态度做起。

　　我们出生于人间，使母亲受尽折磨，然而一般人常在生日时举行庆生，其实"生日"在佛教中是"母难日"。佛经中说："亲之生子，怀之十月，身为重病，临生之日，母危父怖，其情难言。"意思是说，母亲要生个孩子，必须怀胎十月，身体像生了一场大病一样；尤其要生产时，母亲在产房内受尽痛苦，哀号挣扎，而父亲在产房外，也非常紧张惶恐。尤其古时候医学并不发达，女人要生产，得靠接生婆，生死就在刹那间。

所以，母亲生子，是何等的危险痛苦啊！而凡夫却常颠倒事理，每逢生日时就杀生宴客。其实大家应该深思：在我们出生的那一刻，母亲临产阵痛，受尽折腾！

莲池大师说："父母恩重如山丘。"父母亲既有如此深重的恩德，为人子女者，应该怎样报答呢？

佛典中有《佛说父母恩重难报经》，我想藉由讲述此经文来阐述父母宏恩，希望大家都能珍惜生命的来源，时时刻刻报答父母恩——利用父母给我们的身体，为人生及社会多做一些有意义的事；而我们所做的每一善、每一福，也都应该是归属为父母亲的功德。

目　录

报

恩

姚秦三藏法师鸠摩罗什奉　诏译

父母恩重难报经

如是我闻：

一时，佛在舍卫国祇树给孤独园，与大比丘二千五百人，菩萨摩诃萨三万八千人俱。

尔时，世尊引领大众，直往南行，忽见路边聚骨一堆。尔时，如来向彼枯骨，五体投地，恭敬礼拜。

阿难合掌白言："世尊！如来是三界大师，四生慈父，众人归敬，以何因缘，礼拜枯骨？"

佛告阿难："汝等虽是吾上首弟子，出家日久，知事未广。此一堆枯骨，或是我前世祖先，多生父母。以是因缘，我今礼拜。"佛告阿难："汝今将此一堆枯骨分作二分，若是男骨，色白且重；若是女骨，色黑且轻。"

阿难白言："世尊，男人在世，衫带鞋帽，装束严好，一望知为男子之身。女人在世，多涂脂粉，或薰兰麝，如是装饰，即得知是女流之身。而今死后，白骨一般，教弟子等，如何认得？"

佛告阿难："若是男子，在世之时，入于伽蓝，听讲经律，礼拜三宝，念佛名号；所以其骨，色白且重。世间女人，短于智力，易溺于情，生男育女，认为天职；每生一孩，赖乳养命，乳由血变，每孩饮母八斛四斗甚多白乳，所以憔悴，骨现黑色，其量亦轻。"

阿难闻语，痛割于心，垂泪悲泣，白言："世尊！母之恩德，云何报答？"

佛告阿难："汝今谛听，我当为汝，分别解说。"

"母胎怀子，凡经十月，甚为辛苦。在母胎时，第一月中，如草上珠，朝不保暮，晨聚将来，午消散去。母怀胎时，第二月中，恰如凝酥。母怀胎时，第三月中，犹如凝血。母怀胎时，第四月中，稍作人形。

母怀胎时，第五月中，儿在母腹，生有五胞。何者为五？头为一胞，两肘两膝，各为一胞，共成五胞。母怀胎时，第六月中，儿在母腹，六精齐开，何者为六？眼为一精，耳为二精，鼻为三精，口为四精，舌为五精，意为六精。母怀胎时，第七月中，儿在母腹，生成骨节，三百六十，及生毛乳，八万四千。母怀胎时，第八月中，生出意智，以及九窍。母怀胎时，第九月中，儿在母腹，吸收食物，所出各质、桃梨蒜果、五谷精华。其母身中，生脏向下，熟脏向上，喻如地面，有山耸出，山有三名，一号须弥，二号业山，三号血山。此设喻山，一度崩来，化为一条，母血凝成胎儿食料。母怀胎时，第十月中，孩儿全体，一一完成，方乃降生。若是决为孝顺之子，擎拳合掌，安详出生，不损伤母，母无所苦。

倘儿决为五逆之子，破损母胎，扯母心肝，踏母胯骨，如千刀搅，又仿佛似万刃攒心。"

"如斯重苦，出生此儿，更分晰言，尚有十恩：第一，怀胎守护恩；第二，临产受苦恩；第三，生子忘忧恩；第四，咽苦吐甘恩；第五，回干就湿恩；第六，哺乳养育恩；第七，洗濯不净恩；第八，远行忆念恩；第九，深加体恤恩；第十，究竟怜愍恩。"

第一，怀胎守护恩　颂曰：

　　　　累劫因缘重，今来托母胎，

　　　　月逾生五脏，七七六精开。

　　　　体重如山岳，动止劫风灾，

　　　　罗衣都不挂，妆镜惹尘埃。

第二，临产受苦恩　颂曰：

怀经十个月，难产将欲临，

朝朝如重病，日日似昏沉。

难将惶怖述，愁泪满胸襟，

含悲告亲族，惟惧死来侵。

第三，生子忘忧恩　颂曰：

慈母生儿日，五脏总开张，

身心俱闷绝，血流似屠羊。

生已闻儿健，欢喜倍加常，

喜定悲还至，痛苦彻心肠。

第四，咽苦吐甘恩　颂曰：

父母恩深重，顾怜没失时，

吐甘无稍息，咽苦不颦眉。

爱重情难忍，恩深复倍悲，

但令孩儿饱，慈母不辞饥。

第五，回干就湿恩　颂曰：

　　　　母愿身投湿，将儿移就干，

　　　　两乳充饥渴，罗袖掩风寒。

　　　　恩怜恒废枕，宠弄才能欢，

　　　　但令孩儿稳，慈母不求安。

第六，哺乳养育恩　颂曰：

　　　　慈母像大地，严父配于天，

　　　　覆载恩同等，父娘恩亦然。

　　　　不憎无怒目，不嫌手足挛，

　　　　诞腹亲生子，终日惜兼怜。

第七，洗濯不净恩　颂曰：

　　　　本是芙蓉质，精神健且丰，

　　　　眉分新柳碧，脸色夺莲红。

　　　　恩深摧玉貌，洗濯损盘龙，

只为怜男女，慈母改颜容。

第八，远行忆念恩　颂曰：

死别诚难忍，生离实亦伤，

子出关山外，母忆在他乡。

日夜心相随，流泪数千行，

如猿泣爱子，寸寸断肝肠。

第九，深加体恤恩　颂曰：

父母恩情重，恩深报实难，

子苦愿代受，儿劳母不安。

闻道远行去，怜儿夜卧寒，

男女暂辛苦，长使母心酸。

第十，究竟怜愍恩　颂曰：

父母恩深重，恩怜无歇时，

起坐心相逐，近遥意与随。

母年一百岁，常忧八十儿，
欲知恩爱断，命尽始分离。

佛告阿难："我观众生，虽绍人品，心行愚蒙，不恩爹娘，有大恩德，不生恭敬，忘恩背义，无有仁慈，不孝不顺。阿娘怀子，十月之中，起坐不安，如擎重担，饮食不下，如长病人。月满生时，受诸痛苦，须臾产出，恐已无常，如杀猪羊，血流遍地。受如是苦，生得儿身，咽苦吐甘，抱持养育，洗濯不净，不惮劬劳，忍寒忍热，不辞辛苦，干处儿卧，湿处母眠，三年之中，饮母白血。"

"婴孩童子，乃至成年，教导礼义，婚嫁营谋，备求资业，携荷艰辛，勤苦百倍，不言恩惠。男女有病，父母惊忧，忧极生病，视同常事，子若病除，母病方愈。""如斯养育，愿早成人，及其长成，反为不孝。尊亲与言，不知顺从，应对无礼，恶眼相视。欺凌伯叔，打骂兄弟，毁辱亲情，无有礼义。虽曾从学，不遵范训，父母教令，多不依从，兄弟共言，每相违戾。出入来往，不启尊堂，言行高傲，擅意为事。父母训罚，伯叔语非，童幼怜愍，尊人遮护，渐渐成长，狠戾不调，不伏亏违，反生瞋恨。弃诸亲友，朋附恶人，习久成性，认非为是。"

"或被人诱，逃往他乡，违背爹娘，离家别眷。或因经纪，或为政行，荏苒因循，便为婚娶，由斯留碍，久不还家。"

"或在他乡，不能谨慎，被人谋害，横事钩牵，枉被刑责，牢狱枷锁。或遭病患，厄难萦缠，囚苦饥羸，无人看待，被人嫌贱，委弃街衢，因此命终，无人救治，膨胀烂坏，日曝风吹，白骨飘零，寄他乡土，便与亲族，欢会长乖，违背慈恩。不知二老，永怀忧念，或因啼泣，眼暗目盲；或因悲哀，气咽成病；或缘忆子，衰变死亡；作鬼抱魂，不曾割舍。”

"或复闻子，不崇学业，朋逐异端，无赖粗顽，好习无益，斗打窃盗，触犯乡闾，饮酒樗蒲，奸非过失，带累兄弟，恼乱爹娘。晨去暮还，不问尊亲，动止寒温，晦朔朝暮，永乖扶侍，安床荐枕，并不知闻。参问起居，从此间断，父母年迈，形貌衰羸，羞耻见人，忍受欺抑。”

"或有父孤母寡，独守空堂，犹若客人，寄居他舍，寒冻饥渴，曾不知闻。昼夜常啼，自嗟自叹，应奉

甘旨，供养尊亲。若辈妄人，了无是事，每作羞惭，
畏人怪笑。”

"或持财食，供养妻儿，忘厥疲劳，无避羞耻；妻妾
约束，每事依从，尊长瞋呵，全无畏惧。或复是女，
适配他人，未嫁之时，咸皆孝顺；婚嫁已讫，不孝
遂增。父母微瞋，即生怨恨；夫婿打骂，忍受甘心，
异姓他宗，情深眷重，自家骨肉，却以为疏。或随夫
婿，外郡他乡，离别爹娘，无心恋慕，断绝消息，音
信不通，遂使爹娘，悬肠挂肚，刻不能安，宛若倒
悬，每思见面，如渴思浆，慈念后人，无有休息。”
"父母恩德，无量无边，不孝之愆，卒难陈报。”

尔时，大众闻佛所说父母重恩，举身投地，捶胸

自扑，身毛孔中，悉皆流血，闷绝躄地，良久乃苏，高声唱言："苦哉，苦哉！痛哉，痛哉！我等今者深是罪人，从来未觉，冥若夜游，今悟知非，心胆俱碎。惟愿世尊哀愍救援，云何报得父母深恩？"

尔时，如来即以八种深重梵音，告诸大众："汝等当知，我今为汝分别解说。"

"假使有人，左肩担父，右肩担母，研皮至骨，穿骨至髓，遶须弥山，经百千劫，血流没踝，犹不能报父母深恩。"

"假使有人，遭饥馑劫，为于爹娘，尽其己身，脔割碎坏，犹如微尘，经百千劫，犹不能报父母深恩。"

"假使有人，为于爹娘，手执利刀，剜其眼睛，献于如来，经百千劫，犹不能报父母深恩。"

"假使有人，为于爹娘，亦以利刀，割其心肝，血流遍地，不辞痛苦，经百千劫，犹不能报父母深恩。"

"假使有人，为于爹娘，百千刀戟，一时刺身，于自身中，左右出入，经百千劫，犹不能报父母深恩。"

"假使有人，为于爹娘，打骨出髓，经百千劫，犹不能报父母深恩。"

"假使有人，为于爹娘，吞热铁丸，经百千劫，遍身焦烂，犹不能报父母深恩。"

尔时，大众闻佛所说父母恩德，垂泪悲泣，痛割于心，谛思无计，同发声言，深生惭愧，共白佛言："世尊！我等今者深是罪人，云何报得父母深恩？"

佛告弟子："欲得报恩，为于父母书写此经，为于父母读诵此经，为于父母忏悔罪愆，为于父母供养三宝，为于父母受持斋戒，为于父母布施修福。若能如是，则得名为孝顺之子；不作此行，是地狱人。"

佛告阿难："不孝之人，身坏命终，堕于阿鼻无间地狱。此大地狱，纵广八万由旬，四面铁城，周围罗网。其地亦铁，盛火洞然，猛烈火烧，雷奔电烁。烊铜铁汁，浇灌罪人，铜狗铁蛇，恒吐烟火，焚烧煮炙，脂膏焦燃，苦痛哀哉，难堪难忍。钩竿枪槊，铁锵铁串，铁槌铁戟，剑树刀轮，如雨如云，空中而下，或斩或刺，苦罚罪人，历劫受殃，无时暂歇。又令更入余诸地狱，头戴火盆，铁车碾身，纵横驶过，肠肚分裂，骨肉焦烂，一日之中，千生万死。受如是苦，皆因前身五逆不孝，故获斯罪。"

尔时，大众闻佛所说父母恩德，垂泪悲泣，告于如来："我等今者，云何报得父母深恩？"

佛告弟子："欲得报恩，为于父母造此经典，是真报得父母恩也。能造一卷，得见一佛；能造十卷，得见十佛；能造百卷，得见百佛；能造千卷，得见千佛；能造万卷，得见万佛。是等善人，造经力故，是诸佛等，常来慈护，立使其人，生身父母，得生天上，受诸快乐，离地狱苦。"

尔时，阿难及诸大众、阿修罗、迦楼罗、紧那罗、摩睺罗伽、人非人等、天、龙、夜叉、乾闼婆及诸小王、转轮圣王，是诸大众闻佛所言，身毛皆竖，悲泣哽咽，不能自裁，各发愿言：我等从今，尽未来际，宁碎此身，犹如微尘，经百千劫，誓不违于如来圣教；宁以铁钩拔出其舌，长有由旬，铁犁耕之，血流成河，经百千劫，誓不违于如来圣教；宁以百千刀轮，于自身中，自由出入，誓不违于如来圣教；宁以铁网周匝缠身，经百千劫，誓不违于如来圣教；宁以剉碓斩碎其身，百千万段，皮肉筋骨悉皆零落，经百千劫，终不违于如来圣教。"

尔时，阿难从于坐中安详而起，白佛言："世尊，此经当何名之？云何奉持？"

佛告阿难："此经名为《父母恩重难报经》，以是名字，汝当奉持！"

尔时，大众、天人、阿修罗等，闻佛所说，皆大欢喜，信受奉行，作礼而退。

缘起

第一章

讲经的人、时、地

如是我闻：一时，佛在舍卫国祇树给孤独园。

阿难说："我的确是这样听到——某一个时候，佛陀在舍卫国祇树给孤独园，说此《父母恩重难报经》。"

"如是我闻"——是每部佛经开头的经序。佛陀讲经时，弟子并没有当场记录，而是由侍者阿难尊者凭记忆于事后传诵下来的。因为阿难每天都随侍在佛陀身边，佛陀向弟子所讲的话，或对某些求教者所讲的道理，他都凭着记忆力和智慧，摄受在脑海中，所以有句话说："佛法如大海，流入阿难心。"

佛陀讲经四十九年，直到八十岁入灭。在佛陀将入灭前，由于佛陀的弟子们大多已修到解脱境界，看到佛陀即将入灭，大家表情都肃穆而凝重。而阿难身为佛陀的侍者有二十多年之久，日夜相处，感情深厚；尤其佛陀与阿难本是堂兄弟，佛陀即将入灭，当然更令阿难伤心。伤心的阿难激动地跑到一棵大树下，抱着树干大声痛哭。

佛弟子阿那律陀远远听到阿难的哭叫声，循声找到阿难，拍拍阿难的肩膀。阿难回头看到阿那律陀，便向他说："佛陀即将离开我们了！"然后哭得更伤心。原来阿那律陀也是佛陀的堂兄弟，阿难与亲人相见，当然更是感伤啊！

由于阿那律陀已证得阿罗汉果，明白"人"只是天地宇宙间的过客，佛陀既然已经八十岁了，八十年前当他出生的那一刻，即已注定总有一天会入灭，所以阿那律陀把生死看得很自在。

他牵着阿难的手说："阿难，你不要悲恸，要把握时间，你的责任很重大，有很多事要赶快进行。我们要了解佛陀的心意：首先，将来佛教在人间要怎样推行？第二，将来僧团要如何管理？谁来当僧团的领导者？第三，如何结集经典，使经典能取信于人间，让人能辨别是否为佛陀所说的话？你要赶快向佛陀请示这些问题，千万别在此哭泣浪费时间啊！"

阿难听了这席话，如梦初醒，急忙赶回佛陀的身边说："佛陀，请您慈悲为我们开示，佛陀在世时，我们以佛为师，一旦佛陀入灭，谁来当我们的导师呢？"

佛陀回答道："以'戒'为师。你们必须依照我制定的规矩，依教奉行。"

又问："僧团中难免有一些不守教规的人，佛陀在世时都有不能受教的人，一旦佛陀离开了，什么人可以调伏他们呢？"

佛陀回答道："阿难！你要发慈悲心来教育他们。如能受教的，应该为他们欢喜祝福；如不能接受教法的人，应对其生怜悯心；至于劣性不改者，则默而摈之（意即：不作正面处置，然淡默以对，任其自行修正或离去）。"

阿难又问："佛陀在世时讲了这么多妙法，将来我们应该把佛陀的教法流传于人间，但是异教的经典这么多，要怎样才能取信于人，让人相信这是佛陀所讲的教理妙法呢？"

佛陀回答道："你们每个人都要发心，把我说过的话结集成经典，流传于人间；如要取信于人，就用'如是我闻'四个字作开头吧！"

因此，只要有"如是我闻"这句话，就可证明此经是佛陀所说的。这就是遵佛遗教。

"一时"——也就是某一个时候。也许有人会想：为什么不标明西元前几年几月几日，来取信于人呢？

这有两个原因：一是佛陀讲经时，并没有现场笔记，所有经典，都是阿难记忆在脑海中的，所以无法明确说出年月日。另一项最大的原因也是佛的智慧——佛所讲的经典，不但要流传在人间，也要流传于天堂、龙宫，如此到底是要标明天堂的时日呢，还是标明娑婆世界的人间时日呢？

比如说：佛陀在忉利天宫为母亲讲《地藏经》，忉利天的一日，已是人间的一百年；而且在人间，世界各地的日夜时间都不一样。佛陀为了所讲述的经法，普天之下都能接受，所以就通用"一时"来概括。

"祇树给孤独园"——是在舍卫国郊区一处风景优美的地方，释迦牟尼佛在此讲经说法的时间及次数较多。

为什么这个地方叫做"祇树给孤独园"呢？这有一段典故：

舍卫国当时有位"给孤独长者"，这位长者在国内是个举足轻重的人物，不但很富有，而且很有爱心，因此博得全国人民的爱戴和恭敬。

长者除最小的儿子尚未结婚外，其余的均已成家，长者心想：我一定要为小儿子找位既漂亮又贤淑的女子为妻。

正好邻国一位好友，有一个女儿很漂亮，他想与这位朋友结为姻亲，因此就到朋友家去拜访。

长者一到朋友家，看到内内外外都张灯结彩，人人喜气洋洋，心里很高兴，以为朋友以这种华丽庄严的场面来迎接他，所以一见面长者就说："我好感动啊！你不需要为我行如此大的礼节啊！"

他的朋友回道："你误会了！我不是为你，我是为佛陀！"

长者一听到"佛陀"的名字，突然间内心一阵震撼，觉得有股莫名的欢喜，于是好奇地问："'佛陀'到底是怎样的一个人，值得你这么尊重呢？"

朋友回答道："你既然来了，就住下吧！明天中午我要恭请佛陀来家中供养，你就可以亲眼见到佛陀庄严的法相，听到佛陀的妙音法语了！"

长者当晚彻夜难眠，心中一直期盼着天快亮，希望能早点见到伟大的佛陀，所以怎么睡也睡不着。于是他起床到处走动，不由自主地走出了花园，来到一片清净的丛林，看到一位形貌很庄严的修行者端坐在树下。长者不由自己地五体投地拜了下去。那时天将黎明，他抬起头来，看到这位修行者庄严而安详的慈颜，心中顿觉如露出摩尼宝珠般的光明和清净。

他跪下虔敬地问道："请问大德如何尊称？"

佛陀说："我就是你想要见的人啊！"

长者一听就说："原来您是佛陀！怪不得我的朋友会如此地敬重您。佛陀啊！您能答应我，让我邀请您到舍卫国去好吗？舍卫国那个地方，很需要像您这么庄严有德、福慧具足的圣人，您是否愿意到那个地方去教化众生呢？"

佛说："只要那里有僧团居住的场所，有讲经的地方，我一定会去。"

长者听了欣喜地说："我现在马上回舍卫国，好好寻找一个地方供养僧侣，恳请佛陀慈悲施教。"

　　长者回去后就开始找土地，但都不理想。最后他找到一个很好的地方，但这块土地的主人是祇陀太子，于是给孤独长者请求太子让售这块土地。

　　太子不愿得罪长者，却又不肯让售土地，因此就出了一道难题给他。太子说："可以啊！土地可以卖给你，但价钱很贵。"

　　长者回道："不要紧，我一定可以做到。"

　　太子说："只要你用黄金铺地，你的黄金能铺到哪里，那部分的土地就是你的。"

　　长者回道："那还不简单，只要金子与钱能买得到，即使用尽家产，我也要完成这个心愿。"

　　他回家后，就把家中所有的黄金，派人用车子载到那块土地上，一寸寸地把黄金铺在地上。他向太子说："你看！每一寸的土地我都铺满了黄金，这块土地是否已经是我的了？"

　　太子看了心中非常感动，就向长者说："你要供养的人到底是谁呢？竟然值得你用黄金来铺地？既然能让你这么尊敬，我想这个人一定是普天之下罕有的圣人。我真的很感动，请你把金子收回去，这块地就让我来捐吧！"

　　长者说："不行，我的金子既已铺在地上，这块地就是我的了，我要以此来表示我供养佛陀的诚意。"

太子非常后悔，心想早知如此，当初就该把地捐了，现在想捐已没有机会。不过他心生一智地说："好吧！既然你的金子都已铺满了土地，这块地就是你的了，但是地上的这些树木，金子无法铺上，我只好叫人把树砍掉。"

长者一听，吃了一惊！这块土地的美，就是因为有这些树木，万一树真的被砍掉了，那岂不就破坏了园地的美感吗？他非常着急，马上向太子说："我们一起捐赠吧！土地由我捐，树木由你捐；佛陀如果看到这些树木，一定会很欢喜的。"

太子说："只要有我的份就好。"于是给孤独长者就在这块地上盖起精舍，里面有讲堂，也有僧侣居住的地方。

数个月后，房子盖好了，佛陀就率领弟子来到这里。长者即向佛陀介绍祇陀太子，并向佛陀说明土地与树木的缘由。

佛听完之后说："既然这个地方是你们两位合捐的，我就用你们二人的名字为名——因为太子捐树，所以称'祇树'；而给孤独长者捐园地，就称'给孤独园'。"

所以"祇树给孤独园"的名称，就是这样来的。

与大比丘二千五百人，菩萨摩诃萨三万八千人俱。

佛陀在祇树给孤独园讲《父母恩重难报经》时，在场闻法的人有多少呢？有出家众二千五百人，菩萨、大菩萨等共约三万八千人。这段经文就是在描述听经者的数目。

第二章·

 ## 以何因缘礼拜枯骨

尔时，世尊引领大众，直往南行。

当时，释迦牟尼佛讲经并不是固定在某个地方，而是带领弟子到处弘法，有些在家众也会随着佛的去处而前往听经。

由于印度地方非常辽阔，从这个村庄到那个聚落，都要走很远的路，而且所经过的地方，几乎荒无人烟。当时佛陀率领弟子一直向南方走。

忽见路边聚骨一堆。尔时，如来向彼枯骨，五体投地，恭敬礼拜。

印度的风俗习惯和中国不一样，中国人去世，都讲究地理风水，而且要棺木墓穴厚葬。但是印度的习俗，有的是用天葬，不论地位高低，也不分尊卑贵贱，凡是人去世后，甚或一息尚存时，就把他抬到荒郊的冢场，放在露天之下，任凭风吹日晒雨淋，或虫食鸟吃，直到变成一堆白骨。

当佛陀看到路边这堆白骨时，就很恭敬地五体投地礼拜；这种举动令阿难觉得很不寻常。

阿难合掌白言：世尊！如来是三界导师，四生慈父，众人归敬。以何因缘，礼拜枯骨？

"三界"——就是欲界、色界、无色界。我们现今所居之处，是在"欲界"中、五趣杂居的地方，亦云"凡圣同居土"。众生不但居于欲界，而且依欲而生活。

何谓"五趣"呢？趣——就是趣向，有五条道路是众生所造之业的引力去处，哪五条道路呢？天、人、畜生、饿鬼、地狱。若要往生善趣，就必须行十善业、断十恶业——能遵守五常，舍去了这个躯体后，由于十善业的引力，还会再来人间，或上生天堂。如果不守人伦业因，没有慈心爱念，反而在人群中为非作歹，就会为恶业所引，往生畜生、饿鬼、地狱三恶趣。

欲界是非常容易堕落的地方，切莫以为上天堂就可以得到解脱——其实升天不如做人，因为在天道中，修行种福的机会很少，都是在享福，一旦福报享尽，还得再堕落。

所以在六道中，做人最有意义，最能发挥生命良能的价值，也才有机会成为一位菩萨。因为人间苦乐参半，有苦难的人生，也有幸福的人生，苦难的人需要有福、有爱的人去帮助，因此，在人间才有种福、修福、行善的机会！

其实修行，不能只修人天福，而要修到超越三界——唯有罗汉、菩萨才能脱离三界。菩萨为救度苦难的众生，而倒驾慈航来人间，所以要超越三界就必须修菩萨道。有句话说："菩萨游戏人间""菩萨所缘，缘苦众生"，因为有苦难的众生，菩萨才会倒驾慈航来到人间。就如观世音菩萨，以慈眼视众生，并用其耳根寻声救苦，随处现形。

比如慈济的救济工作，只要有人发现苦难的众生，就快速地将个案告知本会，而个案当地的委员接到本会通知后，就尽快前去探访；如果需要帮助，大家就会同心协力去帮助他们，此即"一眼观时千眼观，一手动时千手动"的最好引证；大家共同把爱献给社会，这就是超越人间与天界的大爱形态。这分清净的爱心从何而来呢？是我们依照佛陀的教法实行而所得者。

唯有佛陀能指引众生，远离污秽、染著，撇开私我欲爱，融会佛心与我心；心念合一，就能脱离三界而且超越三界，所以尊称佛陀为"三界导师"。

"四生慈父"——四生即胎生、卵生、湿生、化生。三界的众生，出生都不离这四种形态：湿生就是在水中或靠潮湿的地带来维持生命；胎生是靠母体怀胎得到生命；化生就是在人间行十大善或十大恶，临终舍此投彼时，化生天堂享乐，或化生地狱受苦；卵生就是鸡、鸭、鸟之类。

佛陀不只在人间显迹，甚至连畜生道、地狱道，也都前去度化。众生刚强，释迦牟尼佛为度化刚强的众生，所以有时随顺众生化生天堂，有时也随顺众生化生地狱，这无非为了示现慈父的形态来教导众生啊！

以上这段经文的大意是说：阿难等佛陀礼拜之后，就很恭敬地合掌问佛陀说："世尊啊！您被称为如来，如来是人天的导师，人格崇高，怎么会向这堆白骨礼拜呢？"

佛告阿难：汝等虽是吾上首弟子，出家日久，知事未广。

佛陀对阿难说："阿难，你跟随我出家，虽然也受人人所敬重——认为是我最亲近的弟子，怎么不明白这道理呢？你出家已久，然而所知道的事，还是不够广博。"

此一堆枯骨，或是我前世祖先，多生父母。以是因缘，我今礼拜。

佛陀告诉阿难："人人每一世都有一对父母，我从无始以来，生生世世的父母，他们的骨头累积起来，就如同这堆白骨山啊！由于这个因缘，我应当恭敬礼拜。"

由这段经文，我们可以了解生生死死、死死生生，人的生命并不因此身老死，就什么都消失了，而是仍有无量未来的生命延续着。一如佛陀所说，这堆白骨也许是他过去无量生中的父母。

每个人一生中只有一对父母，而佛陀礼拜的成堆白骨，是佛陀过去生中多少父母的遗骨？可见佛陀来来回回人间有多久啊！有几生几世呢？佛既然是这样，我们当然也是这样啊！

所以佛陀常常告诉我们，应该要时时敬重一切众生如己身父母，他们纵然不是我们今生的父母，但可能是我们前世的父母，甚至是未来世的父母。

有时我们见到某些人会觉得很投缘，这是因为过去生中，你曾关心过他，所以今生他关心你，彼此敬重，自然一见面就会起欢喜心，觉得投缘。但也有人带着过去生中仇恨的业而来，在今世结为眷属，或夫妻，或父母，或子女，天天吵吵闹闹，彼此不合，这是因为过去生中所结下的恶缘啊！

其实，生命并不只有今生今世，而是从过去生就不断地延续下来，说不定站在我们面前的人，就曾在过去生与我们互为父母兄弟姊妹。

所以，佛陀一再教育我们，要好好看待一切众生，年老的要视同自己的父母；年轻的要当作自己的兄弟姊妹；而幼小的，则应视如自己子女般地爱顾。如能抱持这分心，时时感恩，我们就会无仇也无恨。

佛告阿难：汝今将此一堆枯骨，分作二分，若是男骨，色白且重；若是女骨，色黑且轻。

佛陀向阿难说："你把这些骨头分成二堆：男的骨头较重，颜色较白；而女的骨头较轻，颜色也比较黑。"

阿难白言：世尊，男子在世，衫带鞋帽，装束严好，一望知为男子之身。女人在世，多涂脂粉，或薰兰麝，如是装饰，即得知是女流之身。而今死后，白骨一般，教弟子等，如何认得？

　　阿难听不懂佛的分析，所以又再问："世尊啊！男人在世时，看到他的穿衣装束、举止形态，就知道他是男人；而女人在世时，擦胭脂香水、穿红着绿，一看装扮，也知道她是女人。但一旦死了之后，皮肉脱落、骨头干枯，同是白骨一堆，我又怎能分辨男或女呢？"

佛告阿难：若是男子，在世之时，入于伽蓝，听讲经律，礼拜三宝，念佛名号；所以其骨，色白且重。

　　佛于是再为阿难详细解说："男人较为乐观豁达，天性外向，不易被家事所羁缚。尤其在印度，男人每天都很清闲，不像女人要生育孩子，又要操劳家事，所以男人比较能够去听闻佛陀讲经说法；听经之后，自然就懂得道理，知道道理就会守持戒律，也会礼拜三宝，念佛圣号。因为有修行，所以骨头较白也较重。"

世间女人，短于智力，易溺于情，生男育女，认为天职；每生一孩，赖乳养命，乳由血变，每孩饮母八斛四斗甚多白乳，所以憔悴，骨现黑色，其量亦轻。

　　看看从前的女人，多么悲哀！和现代的女性真是不能相提并论。几千年前的封建时代，女人是没有地位的，他们认为女人的本分就是结婚、生子，如果没生孩子，就被认为对不起夫家。

当时的女人每天有做不完的家事、操不完的心，又因为见闻不多，所以知识较低；而且女人爱著心重、烦恼多，用情痴迷，占有心强，容易嫉妒又小心眼，所以佛说女人"易溺于情"。

佛说：女人把生儿育女视为本分、天性，生了孩子后又必须哺乳，而乳汁是由血转化而成的。如果把母乳挤出，冻了一夜的露水之后，乳汁就会变成红色，所以说，孩子吸乳好像是在吸食母亲的血一般。一个小孩从出生到断乳，这期间总共要吸食多少母乳呢？需要八斛四斗。十斗成一斛，总共要八十四斗的白乳啊！

人人都是母亲养大的，看了这段话，就知道母亲的恩有多重了！母亲用尽心血哺喂小孩，毫无保留地付出，以致无法好好修身，也无法清净自心，所以容易憔悴、耗损骨髓，也因此女人的骨头较轻，颜色也较黑。

阿难闻语，痛割于心，垂泪悲泣，白言：世尊！母之恩德，云何报答？

阿难听了心如刀割，想到母亲生育他的痛苦，不由得心生悲痛、泪流满面，于是请问佛陀："母亲对我们无微不至的爱心，要如何才能报答这份恩德？"

既然我们要学佛，就要知道父母养育子女是多么的辛苦，我们应该知恩报恩。

然而有些人一到生日，就大宴亲友，其实，生日有什么好铺张庆祝的？人生在世，如果不知为人群付出，这样的"人生"与"众生"又有什么差别？我们一辈子不知吃了多少别人辛苦耕种的米，穿坏了多少别人辛苦织成的衣服；若对社会毫无贡献，只是当一个消费者，那么又有什么值得庆祝的呢？

老实说，生日这天就是母难日。母亲为了生育我们，受了许多的苦，例如阵痛时的呼天抢地，生死就在一线间；正当母亲受难、受折磨的日子，我们不思报答感恩，还宴客庆祝，这能算是"孝"吗？

曾经有位老太太告诉我："早知儿子会这样，过去就不需这么辛苦地养育他了。佛教说生日是母难日，但又有几个人知道呢？今天我儿子生日，但我却来到这里……"我问："既然是儿子生日，你就该留在家里，让儿子好好地报答亲恩啊！"她说："哪有什么亲恩好报答的？我儿子为了自己的生日，想杀猪公宴客，我劝他不要杀生，生日应该茹素，没想到儿子却回答：'你懂什么？你看不过去，要吃素就到寺院去吧！'"

生日正是母亲生产痛苦挣扎的日子，这个儿子为了庆祝自己的生日，却这样顶撞母亲，教母亲情何以堪？我们每个人都应该好好警惕自己啊！

为人父母者，都会为子女操心，既然大家都知道为子女担忧的烦恼，就应该体会得出父母为自己操心的忧恼；大家为子女辛苦付出，正如同当初父母亲为我们的辛苦付出一样，所以大家应该要知恩报恩。因为人的身体是由父精母血所构成，以此身躯做一件好事，这分功德就属于父母，如果能以父母所赐身躯力行善业，就是报父母恩。所以我们，要多为父母植福，多为父母行善；更何况做好事不但上能报父母恩，下还能为子女种福田！

中国人说"慎终追远"，就是要我们记得生命的根源，对生命的根源要时时抱持感恩心。虽然贵为佛陀，他不只是感恩这世的父母，甚至连旷劫累世的父母，他也一样感恩。所以佛陀向弟子说："普天之下的老者都是我的父母，也是过去、现在、未来的父母。"

父母子女都是业缘的相互牵引，说不定现在我们面对的、计较的、怨憎会的人，来世就是自己的父母子女。爱愈深，缘愈重；恨愈深，怨愈重，有怨有爱就冤冤相报，爱恨牵连，即是斩不断的生死祸根！这就是凡夫的爱与恨。

菩萨的爱是超越的，菩萨所爱的是普天之下的众生，不只是今生此世，甚至未来的生生世世。这份清净大爱的深切，远比慎终追远的道理更透彻、更长久。

《佛说人有二十难》中，有一难是"生值佛世难"，要与佛生在同一个时代，实在很难。但依《父母恩重难报经》上所说，其实并不难，因为佛随时都现身在人间。佛陀生生世世往来人间，在旷劫累世的时空中来来去去，他的方向非常正确，没有丝毫偏差，不断地游化人间，做度人的工作。

佛陀向阿难描述男女骨骸的区别之后，阿难了解了母亲的辛苦，心痛如割，礼请佛陀开示报答亲恩之法，于是佛陀为他分析胎儿在母胎中的成长变化。

怀

胎

第一章·

母亲的怀孕

佛告阿难：汝今谛听，我当为汝，分别解说。

佛陀向阿难说：你要仔细听啊！我现在就详细为你解说。

"谛听"就是仔细听。佛教是人性的教育，众生常因一念无明而迷失本性，所以佛陀为了引导众生找回本性，每次讲经，一定苦口婆心对弟子叮咛：要用心、仔细地听，把道理融会于心。

接下来的经文，就是佛陀描述一个女人怀孕的过程与辛苦。

母胎怀子，凡经十月，甚为辛苦。

佛陀说：一个母亲要生育孩子，必须经过十个月的辛苦。

生命实在很微妙，科学虽然伟大，却也抵不过母亲胎里的乾坤，母胎也是一个天地，它不必刻意就可以孕育一个人，不只孕生人形，也在自然中，创造了五脏六腑，具足了人的一切形态。

　　佛陀是大医王，人体所有的毛病，不论生理或心理，他都十分明了；虽然他出生在两千多年前，但他对医学、科学……各方面的认知和常识，都令我们心服口服。

　　单就人生的科学观来说，肉眼是看不到细菌的，直到近代科学发达，发明显微镜后，才发现每一样东西都有细菌，但这些道理佛陀在两千多年前就已经告诉弟子了！

　　有一天，佛陀与阿难走在山间，佛陀因口渴而叫阿难拿钵去装些水来喝，阿难装了一钵水拿到佛陀面前，佛陀看着这钵清澈的水说："阿难，这钵水喝不得啊！"阿难说："这水很清澈，为什么不能喝呢？"佛说："这钵水中有八万四千虫！"阿难仔细地看了看说："没有啊！水中哪有虫呢？"佛说："不只这钵水中有虫，这些虫也遍布了整个虚空以及你我的周围。"

　　这是佛经上所记载的。佛陀既可称为物理学家、生理学家、科学家、哲学家，也是微生物学的大学者。以生理学来说，他不但透彻了人体的构造，他也是各科的医师，更是妇产科的医师。一个女人从怀孕到生产的生理过程，在这部《父母恩重难报经》中，佛陀分析得非常清楚。

　　人体的胚胎是由父精母卵在母亲体内相结合，经过第一个月、第二个月……直到第十个月才能瓜熟蒂落；整个胚胎在母亲子宫内的成长、变动情形，以及要如何保护、未来应如何教育，经文中都有很详细的说明，完全与现代的医学不谋而合。

在母胎时，第一月中，如草上珠，朝不保暮，晨聚将来，午消散去。

母亲开始怀孕的第一个月，受精卵就像是晨间依附在草上、树叶上的露珠一般，只要太阳出来，不过中午露水就消失了，不可能存留到晚上。

佛陀以露水的微脆，来比喻胎儿第一个月的情形，随时都可能朝不保夕，所以当母亲的，必须要很小心地保护胎儿。

母怀胎时，第二月中，恰如凝酥。母怀胎时，第三月中，犹如凝血。

孩子在母胎中的第二个月，看起来如同皮肤被烫伤的水泡；经过一段时间，水泡就会结成一块软软的血包，这是孩子在母胎中第三个月的形态。

有一回我到医院，经过妇产科病房，看到好几位妇女躺在病床上，我问："怎么啦？"她们回道："害喜害得很厉害，一起床就想吐。"

虽然她们那么地难受，但初为人母的那份喜悦满足，却洋溢在脸上，这就是母爱的伟大啊！

在电梯口我又遇到妇产科的医师，满脸倦容，原来昨天半夜，有位产妇罹患子痫症，生产后血压一直升高，非常危险，如果没有马上手术急救，可能会因血压太高而导致休克，造成生命危险。

我请问医师产妇及孩子的情形，他说很好，产妇正在产台上休息恢复中，而孩子也很平安、很健康。

母亲为了生养一个孩子，必须历经生死边缘上的挣扎，多么辛苦啊！做父亲的也因为太太要生产而战战兢兢，心中的紧张不安，又岂是言语所能形容？

生命的过程实在非常奥妙，既然知道母亲怀孕的过程是这么辛苦，我们更应该好好珍惜生命。

曾看过一则惨绝人寰的新闻报导，归纳分析造成悲剧的三项原因：一、忽视了生命的功能，二、忽视了生命中爱的真谛，三、忽视了生命中爱的良能。

这件悲剧发生在高雄小港，有位三十几岁的妇女，用毒药强灌四个孩子后自杀，其中一个孩子痛得受不了，爬到窗边求救，结果被送到加护病房急救，另外三个孩子及这位妇人均已死亡。

一门四死一重伤的惨剧，起因于她的先生爱赌博、签大家乐。原本她的先生是个土木工人，收入虽然不多，但一家却也和乐融融，没想到受到社会风气的污染，玩大家乐玩得入迷，之后又迷上赌博，愈陷愈深，做太太的百般劝导，反而招致先生拳打脚踢。甚至连婆婆也护着儿子，处处责备媳妇的不是，造成婆媳不和。

这个妇人在万念俱灰下，不但毁了自己，也毁了小孩。

本来这个世界就是堪忍的世界，一切都要忍耐，但这位妇人却忍不得，忽视了生命中爱的真谛，把自己辛辛苦苦怀胎十月的孩子毒死。她也忽视了运用生命中爱的良能，没想到她自己的身体也是父母辛苦生养而来的，她也忽视了妥善地利用身体发挥功能，反而把父母给她的身体糟蹋了！

生命是这么的宝贵，我们如能好好运用，除了可以回报父母恩，还可以延续未来的新生命，让新生命在社会上发挥功能。

我们是佛陀的弟子，有上求佛道、下化众生的责任，此即生命功能的最大发挥。为了报答父母的辛苦付出，我们应该把生命贡献给社会，如此父母的辛苦才有代价。

母怀胎时，第四月中，稍作人形。

胎儿在第三个月时，像一块软软的肉一样，到了第四个月，就会慢慢地突出五个胞，稍稍有了人的形状。所以在医学上，怀孕的前三个月，因胎儿未具人形，如果保不住，就叫做流产。

做母亲的怀孕到了第四个月还是很辛苦，行住坐卧都不能安然自在，情况严重者，五脏六腑就像在翻腾一样，食不知味，睡也无法安眠，甚至有些人还必须担心所怀的孩子是男或女。尤其是上有公婆的人，这种心理压力负担更大。

有位太太家境非常富有，时常出国旅游，有一回她来看我，告诉我：她很高兴娶了媳妇马上就生个孙子，为了奖赏媳妇生个孙子，她买了一条钻石链子送给她。我听了之后，心中很感叹，幸好媳妇生了个男孩，万一生了女孩，不但得不到钻石链子，恐怕还将得到"心的铁链"。

看看！当母亲的多辛苦，不但要保全胎儿平安，也要保得全家上下欢心，多悲哀啊！

更可怜的是，有些人害喜，一闻到腥味就满腹翻腾，尽管肚子很饿，食物却无法下咽。除了吃不下以外，女人最讲究的仪态，一旦怀孕后，也顾不了这么多了，一张脸枯黄憔悴，漂亮的衣服也不能穿。为了迎接一个小生命，她得忍受种种的变化。

所以说，要当一个母亲，就得忍受每天行住坐卧的辛苦！

母亲怀孕时必须历经这么多的苦，而孩子在母胎中，是不是很好过呢？说实在的，也是非常不好过。一个人在母胎中，要经过一个完整的"出生"，必须历尽辛苦的挣扎，生者固然辛苦，被生者也是非常痛苦，所以在母胎中另外有个名称叫做"胎狱"，狱就是黑暗痛苦的意思。佛陀说，胎儿在母胎中，如处血山界，要成为人形，必须经过一番挣扎，像被两座山夹住般地痛苦；由此可见，我们要出生在人间，也必须付出代价。所以佛陀告诉我们："人身难得。"

母怀胎时，第五月中，儿在母腹，生有五胞。何者为五？头为一胞，两肘两膝，各为一胞，共成五胞。

五胞是什么呢？就是头以及两只手、两只脚。

胎儿孕育到第五个月时，已构成人的形态。他在母亲的子宫中，由各种细胞建构整个身体，最先是从骨骼开始建立，就像盖房子一样，必须先挖地基，接着绑钢筋，然后再灌水泥一样。

身体的建构是这么的复杂，因此也带给母亲与胎儿很大的痛苦！所以我们应该要好好尊重生命。

尊重生命并不是在口头上说说而已，也许有人会误解尊重生命的意义，而把生命珍惜得像锁在保险箱中一样，舍不得付出，如此即是浪费人生。这样的生命与垃圾有何不同呢？保存、爱惜生命却成为无用的垃圾，这种人生未免太可惜了！

母怀胎时，第六月中，儿在母腹，六精齐开。何者为六？眼为一精，耳为二精，鼻为三精，口为四精，舌为五精，意为六精。

六精在佛教中称为六根：眼、耳、鼻、舌、身、意。六根具足，六神才能具足。

人的身体真的很奇妙，父亲的精子与母亲的卵子结合成受精卵，由一滴清水般的大小，逐渐孕育成一块软肉，之后这块软肉突出五个胞，从具足人形慢慢地演变出手、脚、眼、耳、鼻等器官。

平常我们只看到妇女怀孕时外形的变化，却不知她体内的胎儿，也是每分每秒不断在演变。不过佛陀的智慧，在两千多年前，科学仪器尚未发明时，就能分析出胎儿在母胎中的变化。经文中虽以胎儿每个月的成长来分析，其实其涵义是胎儿分分秒秒都不断地在变化。

记得未建慈济医院前，我曾到国泰医院观摩，经过妇产科时，听到医师们说："这个孩子恐怕没救了！"我上前一看，原来是个早产儿，未足六个月，全身赤裸裸、黑漆漆的，隐约可看出头、手和脚。其实这个过程我们每个人都经历过，想要顺利地出生在人间，是必须经过自身生命力的挣扎和母亲的忍耐。

然而，有些人不慎怀孕，却想尽办法要让胎儿流产；相对的，有些人极想要孩子，像宝贝一样地呵护，却留也留不住。这些都是业缘的关系，不管是好缘或坏缘都密不可分。留不住的还是留不住。

母怀胎时，第七月中，儿在母腹，生成骨节，

三百六十，及生毛孔，八万四千。

孩子在母胎中，到了第七个月，骨骼、皮肤、毛发才发育健全。

人的生命在母胎中不断地挣扎，直到第七个月时，才进入安全期，骨骼健全了，再生出皮肤——佛陀用八万四千来比喻皮肤的毛细孔很多，以肉眼看皮肤是平坦光滑的，其实如果用显微镜来看，则会发现我们的皮肤凹凸不平。人的骨骼、皮肤都是在第七个月时才发育完全；所以人的生命，在母胎中要等到第七个月，才算真正进入安全期。

母怀胎时，第八月中，出生意智，以及九窍。

意智也就是意识。胎儿成长到第八个月时，意识就已完全具足。

经文所说的"九窍"，指的是一个人身躯上的九个孔：头有七孔，加上排泄用的两孔，合起来就是九孔；九孔其实是在七月足、八月初就已具足了。可见人体的形成，实在很微妙而且很复杂，母亲的子宫中，竟然可以创造这么细微的胎儿生命，真是女人身中藏乾坤，母亲的确很伟大啊！

第二章·

孝子与逆子的出生

母怀胎时，第九月中，儿在母腹，吸收食物，所出各质，桃梨蒜果、五谷精华。其母身中，生脏向下，熟脏向上，喻如地面，有山耸出，山有三名，一号须弥，二号业山，三号血山。此设喻山，一度崩来，化为一条，母血凝成胎儿食料。

第九个月时，胎儿在母腹中长得更成熟，已有完整的人形，而且会吸收食物的营养。

一般人常会对孕妇说："你要多吃一点，必须吃上双人份的食物才够营养。"也有人说："一人吃，两人补。"意思都是说，孕妇所吃的食物，胎儿会吸收其养分。母亲吃了水果、蔬菜、五谷之后，经过消化、吸收，残渣则由排泄器官排出体外。在这过程中所吸收的食物精华——营养，除了供给母体本身外，还可以经由脐带供给胎儿养分。

佛陀告诉我们，人来到世间之前，必须经过一段黑暗的"胎狱"期；虽然每个人出生之后，都是头顶天、脚立地，但是母腹中的胎儿，到八九个月时，却是上下颠倒成倒悬姿势——头朝下、脚朝上。

在医院的妇产科，可以看到"胎位图"：从母亲怀孕开始，胎儿在母体中成长转变的情形。胎儿渐渐成熟之后，胎身呈倒转形态。所以说"生脏向下，熟脏向上"，此即说明胎儿身体的位置。

"喻如地面，有山耸出，山有三名，一号须弥，二号业山，三号血山。"此段经文是说母亲尚未怀孕时，腹部平坦，甚至腰部非常苗条，等到怀孕到第四五个月时，肚子就慢慢凸显。孕妇的腹部渐渐隆大，好像在平地上耸现出一座山一样。

俗言"母亲为子女，不怕体态丑"，就是说很多人怀孕之后，没有心情梳妆整容，平常的衣服已不适合穿，只能穿布袋式的孕妇装。为了腹中胎儿，不敢束腰紧身，怕伤了胎儿，因此必须穿着宽松的衣服，让胎儿有足够的空间伸展手脚及活动、生长。

佛陀以其智慧，分析人最初时由父精母血结合而成，如一滴草上的露珠，然后慢慢成长，一直到胎儿九个月后的体形构造，佛以"三山"来作譬喻，形容母腹如山峰一样。

首先，将母胎比喻成"须弥山"。

佛陀说："母体如大地，儿在母体，如凸出山峰，喻须弥山。"

"须弥山"是比喻全世界最高的山，就是现在所谓的喜马拉雅山。两千多年前，佛陀曾说过须弥山是世上最高峻的山峰；而将母腹比喻作须弥山，是因为孕妇怀孕至第九个月时，是小生命成长到最高峰的时期；胎儿在母体中，已经达到最大的程度，所以母腹最凸显、增长到最高的程度。有些孕妇或许会晚产，怀孕至第十一个月或第十二个月才分娩，但是无论如何，在第九个月时，腹部已增长到最大的程度。

人的体格发育有一定的限度，胎儿在母体中，最初由点滴的父精母血凝聚结合而成，好像草上的露珠一样微脆，然后慢慢生长，一直到第九个月时，已到达最顶点，不会再长大。亦如同人出生之后，从幼年、少年至青年，身体发育成长至二十岁左右，渐渐定型，过了三四十岁就不会再增高长大。绝对不可能因为活到八十岁，受天地孕育的时间比别人长，就比二三十岁的年轻人还要高大。因此在第九个月将母腹比喻为须弥山。

第二是"业山"。

佛说："六根尘识成熟，七情六欲始焉，带业而生，自必亦造业入苦，喻业山。"

人来到世间，并非无中生有，是从无始以来，带"业"而来，造"业"而去，"业"积累如山，所以称为业山。

七月胎儿具足人形，具足六根与意识，若经过八九个月则会更成熟，在此期间，胎儿开始有七情六欲，在母体中还会闹情绪。有的孕妇会觉得腹中胎儿一阵阵地移动撞击，这是因为胎儿情绪起伏，拳打脚踢，躁动不安。甚至母亲吃的食物太冷、太燥……胎儿都会主动反应。

胎儿六根成熟时，母亲日常生活中的思想、情绪、言谈举止，所有的一切，都会灌输在胎儿的精神教育中。母亲如果常常发脾气、闹情绪，这种意识也会牢牢地灌输在孩子的心念中。

有一个两三岁的小女孩，已经会讲话，可是很爱哭，动辄掉泪。有人问她为什么这么爱哭？她竟然回答："是我妈妈教我的！"人家问她："你妈妈如何教你？"她说："我常常看到妈妈发脾气。而且我还在妈妈的肚子里时，妈妈和爸爸吵架，把枕头丢过去，妈妈就开始哭了！"三岁的小孩子，天真无邪地将自己潜意识里牢记的事说了出来。

所以说，妇女怀胎时，要有良好的胎教，将来孩子的脾气才会温和，在社会上与人相处，才能有宽容的心怀，时时保持愉快的心情。

因此，将为人母的准妈妈，在怀孕期间，应做好心理建设，要做一位快乐的妈妈，将愉快、乐观、心胸宽大、和气爱人的心理，孕育给即将出世的胎儿。

在母胎第九个月时，人的六根尘识已经成熟，七情六欲也开始产生，这就是"人之初"。并非初生婴儿才是"人之初"，这时候母体内的"胎教"，非常地重要。

每个人都是带业来到世间，凭借过去生中的业识而来跟随父母。与父母之间有善缘也有恶缘，受善、恶因缘的业力牵引，与父母结缘而投胎出世。

如果与父母结好缘，原本是一对欢喜冤家的夫妇，可能因为子女的投胎，而变得互相礼让；无形中父母与子女便产生欢喜和合的心念，这就是子女与父母结好缘。由于孩子的到来，父母受到影响，转变自己的情绪，而且能以善良、清净、乐观的心态教育子女。

设若与父母结的是恶缘，会使原本单纯柔和的妇女，在怀孕的时候动不动就生气，有的人称之为"孩子癖"——本来非常柔和单纯的妇女，因怀孕而改变个性。

人因为带业而来，投胎时与母亲结下业缘，所以彼此相互牵制。子女闹情绪，母亲会受到影响；母亲的情绪也会传递给子女，甚至母亲的个性都会遗传给孩子，此即"胎教"。

人离开母胎之后，受到后天环境的影响，容易造业。本来就带业而来，在母胎内又受到熏习，来到人间又累积了一些业，由于不断地增加积聚，所以佛陀将它比喻为"业山"——人的业多如须弥山，因为业积如山，因此高大难移。

"业"是造作的意思，必须有造作之人与所造之业，两者结合才会成为"业",这是相对的。一个人平时所做的一切,构成业缘的牵引,业因的种子配合着缘,所以才会"造业"。

这里所说"业山",除了被生之人承受过去所造之业外;生子的人,也承续过去与子女所结的缘。所以被生者是业因,生人者是业缘,因缘和合,才能结为母子,此即因缘。在因缘中业力互相牵引,所以称为业山。

人既然带业来人间,在这几十年当中,一切起心动念、举手投足,所作所为无一不是业从心生,无一不是业由身做,心念如何想,身体就如何做。造业者、使人造业者及所造的业,又形成一个新的业。

意即人带着旧业来投生,又累造新业,旧业新业互生互成,痛苦就会不断延伸下去,所以说"造业入苦"。

问问世间上,哪一个人是快乐的呢?

曾有一位先生告诉我:"师父,我听过很多人开示佛法,都说要专精地去修行,否则一不小心就会造业。本来我很有心研究佛法,不过一想到学佛是这么困难,我就很害怕,不敢再看佛书、听经,也不敢再研究了。"

他又说:"我心里很惶恐,本来我觉得做人很不错的,不过听人家说人生很苦,人在世间,不是受业就是造业,实在很可怕!"他心里觉得很矛盾。最后他说:"但是,我从刊物上看到师父说的一段话，却打开了我的心结，让我觉得非常快乐。师父说——做人是不错的，做人也是很快乐的，只要在业报现前的时候，能欢喜接受，不执著于苦，就会生活得非常快乐。"他看到这一段话后，心结就打开了。

故知，真正能脱离痛苦者，是心中完全没有矛盾、没有惶恐害怕，能够很安然自在地接受周围的环境，这才是真正的快乐。

人若能随遇而安，随着环境的转变而安然接受境界现前，那么，此人必定是静定自在的人，也比较不会在日常生活中随意起心动念，造就恶业。

人懵懵懂懂带业而来，又迷迷糊糊地不断造业受苦，如此一层一层、重重叠叠造业如山，所以佛陀将母腹比喻作"业山"。

第三就是"血山"。

佛说："血腥昏暗如狱，随之大量流出母血，使人目之为眩，神之为夺，感五光十色世界，此谓娑婆，堪忍事多，岂非昏沉之狱海血河，喻血山。"

人在出世之前，于母胎中所承受的除了不自由、不自在，还必须承受黑暗的痛苦及血腥浸泡。血非常腥臭，而我们每个人都浸在母胎的血腥中，长达十个月之久。如此腥臭、黑暗的血河，我们竟然能在里面蜷缩十个月。所以说人在出生之前，必须经过黑暗的胎狱。

胎儿的脐带与母亲的胎盘相连，母亲进食所吸收的营养，经由脐带流入胎儿体内。母亲的血，包围在胎儿的四周，胎儿就在黑暗的胎胞中吸收营养精华。虽然胎儿眼前一片黑暗，看不到外面的世界，但是经由全身血液的循环，也可以摄取到营养。

胎儿出生时，必须经过一番天旋地转，因为胎身原本是曲缩着，此刻必须手脚活动，身体运转，随着母亲腹中的大量羊水而离开母体。在黑暗的胎腹中经过天旋地转后才来到人间，进入五光十色的娑婆世界。

胎儿在母亲的肚子里，非常昏沉、黑暗，所以称其为"狱海血河"——在黑暗的血狱中，既不自由，又受母亲的情绪、身体所影响。母亲的病痛、冷热、烦恼……无一不在胎儿的意识中感受到，这真是非常不自在的痛苦！

母怀胎时，第十月中，孩儿全体，一一完成，方乃降生。

胎儿在母体十个月时，全身构造都已长成，六根、六识也具足，等到时机成熟，就出生于人间。

其实，不一定要足十个月才会降生，胎儿在七八个月时命根就全部完成了。在满十个月之前出生的，称为早产儿；若超过十个月才出生的，则是俗称的"过月"。

若是决为孝顺之子，擎拳合掌，安详出生，不损伤母，母无所苦。

善孝柔顺的子女，在母胎中满十个月，将要出生之时，"擎拳合掌"，双手紧握合并如合掌般，平安顺利地降生，不会使母体受到伤害。

这段经文是说，母亲与子女之间，有"顺缘"及"逆缘"，若母子结恶缘，则胎儿在母胎中，会带给母亲很大的折磨，若是很乖巧善顺的子女，在母胎中就会很安然。

慈济医院妇产科曾有一位原住民妇人，她是第一次生产，临盆时还不曾感觉有任何异样或痛苦，仍然外出工作。后来羊水流出，她才发觉自己即将分娩，家人赶紧将她送到慈院，刚到电梯门口前，孩子就生出来了，非常顺利平安，看起来既简单又容易，而且母亲一点痛苦都没有。

倘儿决为五逆之子，破损母胎，扯母心肝，踏母胯骨，如千刀搅，又仿佛似万刃攒心。

善顺的子女，初来人间是非常平稳而顺势的；若是忤逆的孩子，初生之时，就会损伤母体。

古代形容妇女生子为："生得过鸡酒香，生不过四块板"（意思是说：生子顺利，就可以闻到鸡酒香，万一不顺利而难产往生，只好四块棺材板侍候）。可见孕妇分娩时是非常辛苦的，甚至以生命作赌注。有的人阵痛好几天，羊水流尽，但孩子仍然生不出来。

生产的过程真是历尽千辛万苦，胎儿即将出世时，母亲的五脏六腑都会剧烈震动，而胎身天旋地转，做母亲的必须承受好像撕裂肝肠心肺般的痛苦。有时候在产房外听到产妇哀嚎惨叫的声音，真令人觉得肝肠寸断，那种情景实在很凄惨。

母亲临产时，胎身是头在下，脚朝上；这样由头先生出来，才能顺势脱离母体。假使头脚颠倒，胎身很难脱离母体，一般人称此为"脚踏莲花"。还有一种情形，不是由头或脚生出来，而是由下半身的臀部先出来，像坐椅子般，以坐姿缩着身体硬挤出母胎，一般人称为"坐斗"。

不论是"脚踏莲花"或"坐斗"出生，都是所谓的难产。这种痛苦对母亲来说，"如千刀搅"——如同几千万支尖刀割裂母体，"又仿佛似万刃攒心"——又像是数万支利刃刺钻母亲的心。

母子之间，被生者与生人者，在当初出世与生产的一刹那间，彼此会留下终生永难磨灭的印象，若造成内心的伤痕，则会影响一辈子的感情。

春秋战国时代，郑武公娶申国公主武姜（武系夫姓，姜从母家之姓）为妻。武姜生第一胎时难产，孩子由脚先出来。武姜受尽痛苦折磨，所以她对这个孩子恨之入骨，这个儿子就是后来的郑庄公。

武姜生第二胎时非常顺利，所以她很疼爱次子共叔段。她为了庇护共叔段，不断排斥大儿子，时时建议郑武公立次子继承王位。但是郑武公认为，国家应该由嫡长子继承王位，所以在临终之时，仍然传位给郑庄公。

武姜在庄公继位后，要求庄公将重镇要地割让给弟弟，庄公后来答应了，让弟弟安居在京畿地。共叔段在京畿之地竟然招兵买马，准备篡夺王位。多位朝廷大臣都劝庄公讨伐其弟，但庄公一再忍让。等到共叔段召集军队兵马将要攻击王都时，母亲武姜竟然准备开启城门里应外合。庄公得知此事，便预先派军抢攻，共叔段兵败而逃。

庄公对母亲非常不谅解，因为从小母亲就非常怨恨嫌弃他；庄公的内心也有一份恨意，直到弟弟造反，母亲又做内应，几十年来所累积的怨气恨意，如今更加深一层，于是他将母亲赶出皇宫，放逐到边地，并且发誓说："不到黄泉，我不再和母亲相见了！"

边地有一位贤官，名叫颍考叔，是一位非常孝顺的人，他知道此事后，就想尽办法回到京城晋谒庄公，希望能化解这场母子恩怨。庄公当夜举行国宴招待他，在吃饭时，他把最甘美的食物取来包好放进袖口里，庄公觉得很奇怪，于是问他原因。

颖考叔回答："平时我虽尽心尽力将所有的东西供养孝敬母亲，但是她还不曾吃到国君所赐的食物，所以我想将这些美食带回家孝养母亲。"

庄公听了非常感动，慨叹地说："你有母亲让你尽心供养，唯我独无，我实在不如你啊！"颖考叔问庄公原因，庄公就将经过情形告诉他，并且表示，他很后悔将母亲放逐到边城，现在想再见面也没办法了，因为当初曾发誓"不到黄泉不相见"，君无戏言，话既然说出口，就不可能再收回。

颖考叔非常有智慧，就建议庄公说："君王何必忧虑呢？如果把地掘开，直到冒出水来，就可称为黄泉，而且还可以挖一条地道，在黄泉地下与母亲相见，这样不是很好吗？"

庄公听了非常欢喜，立即派人掘地挖洞，在地道中与母亲相会。

当时，他母亲深觉自己过去的不是，同样是亲生子，为什么要怨长子、疼幼子呢？还险些造成国破家亡的惨剧。而庄公也深深体会到，亲子同享天伦之乐是人生最大的幸福。于是母子俩相扶相携出了地道，从此和乐相处，同享天伦。

母亲生子真的很辛苦，我们出生到人世间，与父母已结下不解之缘，虽说彼此的恶缘、善缘不定，但缘是可以改变的，而唯有造大福才得以转业缘。

亲

恩

第一章·

亲恩

一个人在母亲体内经过十月怀胎，到出生人间的这段过程，除了必须经过十个月的挣扎外，在出生的那一刻，孩子更是扯母心肝，踩母亲的胯骨，如千刀搅割、万箭穿心一样，使母亲痛苦不堪，受尽折磨。

除了母亲怀孕、生产时所受的苦难以外，子女出生后，父母又用什么样的心来养育子女呢？

如斯重苦，出生此儿，更分晰言，尚有十恩。

母亲怀胎除了有上面所说的那些苦难外，再深入分析，还有十种恩德。

第一，怀胎守护恩。

母亲为保住肚里的小生命，必须战战兢兢地悬着一颗心，深怕一不小心，胎儿会保不住。所以从怀孕第一个月起，就必须付出全部的心力来保护胎儿。

第二，临产受苦恩。

我们的生命能来到人间，是因为与父母结了很深的缘，有些是善缘，有些是恶缘。如果是恶缘，从怀胎第一个月就开始折磨母亲，尤其到快生产的时刻，有人阵痛了好几个小时，甚至几天，还无法顺产，做母亲的为了保住小生命，不惜拼着自己的生命，挣扎在死亡边缘上。

中国人看待亲子关系，大都归诸密切的因缘，尤其佛教分析亲与子的因缘更是深入。也因为亲与子有了这份深切且奥妙的因"缘"，所以中国人很重视"孝"道。而西方人认为父母与子女就如同种树，把种子种下，随后开花结果，果实成熟后就脱离树木。所以西方父母与子女之间，讲的是一个"爱"字。

西方人的孩子出生后，就被训练得独立自主，等到孩子长大，让他们受教育，做父母的尽完应尽的责任，对孩子就完全采取自由放任及独立自主的心态，所以亲子之间的感情通常较为淡薄。正因为这种心态和这种社会环境，所以子女对父母也没有扶养的义务，父母年老了，只好自己到老人院居住，还好西方国家的老人福利制度办得很好。

反观中国人，孩子出生后，大多数的母亲就一刻也不离手，双手怀抱着孩子，好像母子之情永远都无法分开，这份浓郁的亲情让孩子们在长大成人后，转化为一份孝思。

其实，东西方的女性在怀胎时并无两样，但是他们的观念、习惯与我们有所不同，父母有爱子女的责任，但子女是不是能爱父母，那就要看他们的心了！

佛陀说人性本善，所以为人子女者应该时刻体念父母恩啊！亲与子是因缘，承过去的业因牵引，结下了父母子女的因和缘。现在是承受过去的因缘、业力，未来也将承续牵引的业果，所以我们不只要有因果的观念，还要有因缘的观念，因缘果报是不断循环的。父母爱护子女是因，我们孝养父母是果，这就是善业的因缘果报。

第三，生子忘忧恩。

过去医学不发达，每逢难产时，往往赔上一条命。妇女怀孕后，时时担心生产会有危险，连家属也是抱持一颗惶恐的心。一旦看到孩子安然出世，在迎接小生命来临的欢喜中，也就忘了所有的痛苦和焦虑。

第四，咽苦吐甘恩。

现代的人都比较讲究卫生，奶瓶用过就要消毒，吃东西也经过选择，照顾孩子也用卫生科学的观念和方法。而以前的农业社会，并没有所谓的婴儿食品，孩子牙齿未长出前，都是由母亲先把食物嚼烂后，再放进孩子口中喂食。虽然以目前的观点来看是不卫生，但就当时的时代背景，则是亲情的流露啊！即使母亲肚子再饿，她总是以孩子为优先，把到口的甘美食物嚼烂，再吐出来给孩子吃。

第五，回干就湿恩。

现代人讲究生活质量，婴儿都用纸尿布。以前没有纸尿布，孩子的尿布都裁取旧衣服或破被单制成。孩子尿湿了或大便了，把尿布换下后还需清洗。遇到孩子半夜尿湿而啼哭，做母亲的就起床为孩子换尿布。有时候孩子不只尿湿了，把床铺也弄湿，母亲就把孩子移到干爽舒适的地方睡，阴湿的地方则自己睡。

现代的人，已逐渐淡忘了父母恩情，大家都只晓得细心照顾自己的孩子，却少有人会以同样的心来回馈父母亲。子女稍微发烧、耳热，就寸步不离地整夜守护床前，不知疲倦。如果是自己的父母亲病了却不甚关心；甚至有些兄弟姊妹众多者还会互相推托，连父母亲的住院费，还都彼此斤斤计较要花多少钱，或是借口太忙，无法留在医院照顾。

前几天我到医院，有位老太太告诉我，她住院后儿媳都不来照顾她。我说："年轻人嘛！太忙了。"她回答："儿子忙，但媳妇送孙子上学后，就没事了啊！她就是不愿意来照顾我。"这位老太太每晚吵吵闹闹，弄得同病房的人都不得安宁。不过这也难怪她，因为她心理不得平衡啊！

我们初来人间，母亲为子女所受的折磨，和父亲对孩子的关怀，这份恩德可说一辈子也报答不完。父母对子女的爱护和关心，是从怀胎第一个月就开始，直到子女长大年老了，还是一样地关心。为人父母者，照顾子女那份至情至爱的心，总是比为人子女照顾父母的心恒久啊！真是令人感叹啊！

人身难得，因缘不可思议，芸芸众生，哪一位不曾做过我们过去、现在、未来的生身父母呢？所以人与人之间，要相互感恩。

学佛就是反观自性，如果是在家人，父母公婆还在堂的话，就要赶快尽子媳的本分，好好奉养孝敬；若已出家，就该利用父母给我们的身体，奉献给一切众生，这才是真正报父母恩、众生恩。

第六，哺乳养育恩

母亲的乳汁是人体所需营养转化的精华，所以古人说吸食母亲的乳汁，就好像是在吸食母亲的血一样。母乳含在婴儿的口中，这份母子之情是多么的贴心啊！现在的人大多以牛奶来代替母乳，难怪母子间的亲情愈来愈淡薄。

第七，洗濯不净恩。

以前的人不像现在这么享受，纸尿布用完一丢就没事；必须把又脏又臭的尿布，洗净了再用。所以当母亲的很辛苦，随时都在清洗孩子换下的衣物，这份爱护照顾之恩多伟大啊！

第八，远行忆念恩。

孩子从一出生，父母亲对他的牵挂就不曾间断，即使孩子的岁数已经七老八十了，但在父母的眼中，永远是个孩子。无论孩子到哪里、离家多远，父母亲挂念孩子的那份心就跟到哪里。

现在有很多人把孩子送到国外念书进修，做父母的千里迢迢轮流出国照顾他们的生活；也有人女儿或媳妇在国外生产，做母亲或做婆婆的，还要千里迢迢到国外为她们做月子。

想想，父母爱子女真如源远流长的河水啊！他们爱子女的心，就像水由高处往下流，非常地自然；而要求子女以同样的心孝顺父母，就像水由低处往上流般地困难！二者之间的心态，竟然有这么大的差别！

我在慈济医院看过一幅很感人的画面。有位阿婆住院后一句话也不说，也检查不出什么病，但是身体却一天天地衰弱，好像患了抑郁症，大家希望我前去开导开导她。

我进入病房看到阿婆的旁边围了三个女儿，她们看到我进去，都非常高兴地向妈妈说："妈妈，你看谁来了？你想见的师父来了，赶快睁开眼睛吧！"可是这位阿婆面无表情，没有任何反应。

随后进来一位先生，看到我就说："师父！很感谢您来看我妈妈。"他走到母亲旁边，牵着她的手说："妈妈，师父来了，你赶快睁开眼睛看看吧！"

我看阿婆张了张嘴，就问她："你是不是想喝水？"她发出声音说："免啦！"这儿子看到母亲说话了，欢喜得握着妈妈的手一直亲吻，摸摸她的脸颊说："太好了，妈妈你终于说话了，妈妈，我好高兴哟！"

这份出自内心的欢喜和孝心，我看了实在很感动，真是人生最美的画面！现在的社会，这样的画面实在太少了！

第九，深加体恤恩。

父母亲年龄大了，难免会有反应迟钝或是唠叨不绝的毛病，一般做子女的总是不知体恤、怜愍。反观做父母的，无论子女发生任何情况，他们总是会尽量为子女着想，体贴入微，甚至愿意代子女受苦。

第十，究竟怜愍恩。

父母对子女的怜爱是恒常的，即使子女已经年长了，心念仍系在他们身上，永远疼爱关注，无微不至地怜愍护念，这种恩德是多么宏大呀！

其实，普天下的老者都是我们的父母。我们不应只是孝敬今生此世有亲有缘的父母，也要孝敬普天下的年老者，视他们如自己的父母来照顾，如此才是真正的大孝。人生一旦步入老年，就会惶恐来日不多，所以，不分亲疏，只要是老者，我们都应该体恤他、怜爱他，如此天下就可洋溢一片温馨，处处有人间大爱。

第二章·

怀胎守护恩

前面已经分析过父母对子女的十种恩德，但并非这十种恩德，就可道尽父母的生养教育之恩。在经文中，佛陀不断地分析、不断地叮咛，无非是要我们牢记父母恩。

为了阐述十种恩德，又另以偈文复颂。

第一，怀胎守护恩。颂曰：**累劫因缘重，今来托母胎，月逾生五脏，七七六精开。体重如山岳，动止劫风灾，罗衣都不挂，妆镜惹尘埃。**

这是描述母亲初怀孕时的形态。

子女与父母的因缘并非今世才缔结，而是在过去生中就已种下互相牵引的因缘。纵然现代的医学科技非常发达，可以把父精母卵放在试管中培养成胚胎，再将受精卵移植到母亲的子宫，但并非如此就可以创造人；最主要还是在于子女与父母有这段因缘，才能进一步借着现代的医学科技，形成胚胎；如果没有因只有缘，也没有办法托生于母胎。所以说亲与子的因缘，是几世之前就结合在一起了。

随着每个月的成长，胎儿在母腹中渐渐生出五脏六腑，直到六七个月时，胎儿的六根才具足。胎儿体重随着时日一天天增加，母亲的腹部也渐渐凸出，就像一座山一样，造成行动不便。

经文中"动止劫风灾"中的"风"，指的是烦恼，而烦恼是随时会发生的。母亲在怀胎时，行动都非常谨慎，不论是静是动，她都抱着惶恐的心来保护胎儿。尤其过去农业社会，重男轻女，母亲不但要担心胎儿的健康，还要担心胎儿的性别，甚至担心孩子将来长大后的成就。这所有的一切，都是母亲所烦恼的，她随时都处在忧虑、担心的惶恐中，所以称之为——风灾。

"罗衣都不挂"——女人爱美是天性，逛委托行、百货公司，上美容院，几乎都是女人的专利，有些妇女的年龄已经老大不小了，但为了爱美还去拉皮、修眉，甚至整修牙齿，弄成柳眉、朱唇、贝齿的模样，可见女人是多么注重仪容服饰。可是一旦怀孕，因为害喜以及一心挂虑胎儿而没精神打扮，非但漂亮的衣服不能穿了，连梳妆用的镜台上也蒙上了一层灰。

由此可见，母亲对子女的付出是全部的心血啊！佛陀跟我们讲这些话的主要用意，是要我们不忘孝思。

西洋妇女与东方妇女，教育子女的方式不同。西洋妇女怀孕后，就很注重胎教，即使在怀孕期间，做母亲的还是照常游泳、打高尔夫球，随时保持开朗合群的心胸；甚至流行在水中产子，让孩子一出生就接触大自然；她们训练孩子从小独睡一房，自立坚强，杜绝孩子依赖的心态。

反观东方妇女，小心翼翼地呵护孩子，从小就让孩子养成依赖性，甚至孩子长大了还与父母同睡一房，时时缠着父母；而有些父母也有一种养儿防老的依赖心念，对子女百般照顾，就是期待年老病弱时，子女会扶养他。然而，愈想依靠子女，子女却愈靠不住。

台湾现在有许多生活富裕的家庭，做父母的都把子女送往明星学校、贵族学校读书，为了孩子的学业，夫妻还得分开户籍，随着孩子把户籍暂时转移到别人的家里，多辛苦啊！

我所认识的企业家中，有几位也是为了孩子的问题伤透脑筋。他们的孩子在学校不好好读书，不是被记过就是遭退学，做父母的甚至得运用关系及钱势，才能保住孩子的学业。

曾经有位企业家的孩子，要求上学骑摩托车，当年一般上班族所骑的机车约一万多元，他就非买七万多元外国进口的机车不可。好不容易等到高中毕业，父母为了拜托他继续升学，还得答应为他买辆进口轿车作为交换条件。学业告一段落，接着是当兵的问题，孩子怕吃苦，不愿当兵；为了让孩子不至于逃兵，父母千拜托万拜托，拜托儿子去当兵，代价就是买一栋房子，让他单独居住。虽然这对父母亲在我面前一直吐苦水，但面对孩子时，他们还是不忍拂逆孩子的心意。像这种教养方式，孩子会乖吗？能期望孩子以后奉养天年吗？每次一想到这对父母及这个孩子，实在是无限的担心啊！

父母一定要感情、理智并用来教育子女，如果只是一味地溺爱，终究会害了孩子一生。总而言之，为人父母者就是这么辛苦——要生孩子时，惶恐不安；孩子生下后，又要负起一辈子的责任。

第三章·

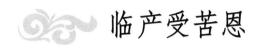

临产受苦恩

第二，临产受苦恩。颂曰：怀经十个月，难产将欲临，朝朝如重病，日日似昏沉。难将惶怖述，愁泪满胸襟，含悲告亲族，惟惧死来侵。

由此可见母亲临产时的辛苦。母亲为了保护孩子，宁可舍命保子，这种情形在目前的社会上，常常可以看到、听到。但是一般人看归看，听归听，感觉归感觉，在日常生活中是否能真正体会母亲的恩情，就不得而知了！

古人说："父母不嫌子女丑，子女不嫌父母贫。"在父母眼中，子女永远都是最美丽可爱的，即使这个孩子残缺不全，甚或低能，做父母的永远都不嫌弃，这是父母对子女的亲情；但是做子女的对父母，是否也能抱持这份心呢？

记得我小时候看过一出短剧，剧情发人深省。这出戏的内容是：

有对夫妻住在乡下，他们靠种田维生，生活非常清苦，吃不饱，穿不暖，而且住的地方也很简陋，每天早出晚归为生活而忙碌。他们育有一子，虽然夫妻俩非常贫寒，但却尽可能地让孩子得到最好的物质，做父亲的曾为了孩子要远足而去做了三天的苦工，买了一个苹果，让孩子带出门，平日生活也样样都让孩子能与别人相比，可以说对孩子付出全部的心血。

这对父母亲一直提供他最好的环境，从他小学、中学到大学，让孩子在求学中衣食无缺，生活表面上看起来比其他人都富足，这个孩子也常向同学炫耀，说自己的父亲是个董事长。

在孩子即将大学毕业时，交了一个女朋友，并论及婚嫁，女方家长要求结婚的对象须有董事长或总经理的家世。这个年轻人为了博得女友的欢心和信赖，竟然回家要求父母亲，要父亲到学校去看他，但不能表明真正的身份，要自称是家中的佣人。做父亲的为了儿子的幸福，不得已只好答应了他的要求。

这位父亲把家中所有能卖的东西全卖了，到旧衣店买了一套半新的衣服，穿戴整齐地进城去找儿子，但儿子看到父亲这般穿着，还是不满意，因此再三地向父亲交代，仍要他自称是佣人。

这虽然只是一出短剧，但已将人性的虚荣浮华描述得淋漓尽致，尽管父母倾尽所有给予孩子，但孩子却无法体谅父母的心，甚至不惜损伤父母的自尊，这是多么悲哀的人生啊！所以，书读得多，并不一定全然懂得道理，即使懂得道理，又有多少人能真正在日常生活中应用呢？这可说是人生悲哀的一面。

"怀经十个月，难产将欲临"——母亲怀胎要经过十个月的辛苦，等到临产，又挣扎在生死的边缘。"朝朝如重病，日日似昏沉"，母亲怀胎挺着一个大肚子，行动非常不方便，加上心中的挂碍，身心都好像患了重病一样。甚至有些人一怀孕，每天昏昏沉沉的只想睡觉。

以前我曾看过一位亲戚，她虽然怀孕了，但每天仍有做不完的家事，除了服侍公婆与小姑、小叔外，还要洗全家人的衣服，非常忙碌，她常常一边洗衣服一边打盹，有时候趴在木桶边就睡着了。

那时候，我就深深体会到作为一个女人实在很可怜，离开自己父母亲温暖的怀抱，投入另一个家庭之后，就必须负担起这个家庭所有的家事，怕公婆不高兴，也怕小姑小叔不满意，每天战战兢兢过着紧张的生活；即使怀孕了仍要为这个家做牛做马，身心所承受的负担，是多么沉重啊！

"难将惶怖述，愁泪满胸襟"——以前的女人都很认命，再怎么繁重的工作她都认为是应该做的，绝对不敢也无法向别人诉苦；即使因怀孕而严重害喜，也无法向别人说她有多累，因为一般人总认为生孩子是女人的天职，所以她的苦、她的累，只能闷在心中，躲在别人看不到的地方，偷偷掉眼泪。

以前的人重男轻女，所以孕妇的心理负担都很重，因为怕生不出儿子，怕生了女儿得不到长辈疼爱，反被人怨。尽管现代人提倡生儿生女一样好，但生儿子延续香火，却是中国人传统的想法和观念。

我在台北就曾遇过一个例子，媳妇生了男孩子，婆婆马上送她一条钻石手链，我问这位婆婆："如果是生女孩呢？"她说："那也没办法，还是要养啊！"语气中流露出无奈。现在的人都仍有这种心态，更何况是农业时代呢？所以说女人临产时都很惶恐、紧张。

"含悲告亲族，惟惧死来侵"，这里所说的亲族是指娘家，因为唯有对着自己的母亲才能诉说心中的苦楚。以前娘家的人要来探望嫁出去的女儿，并不像现在这么容易，如果娘家的人常常来，会被人认为是不好的"歹外家"。

有句话说："嫁出去的女儿，就像泼出门的水。"以前新娘子出嫁时，都会伤心流泪，她们哭什么呢？很多是因为要离开从小生长的家，嫁到另一个家，前途茫茫、命运未卜，禁不住悲伤；做父母的也为女儿的前途忧虑担心，彼此舍不得这份亲情；想到离别之后，父母要来探望不容易，有心事也无处投诉，所以新娘子会非常伤心。

做女儿的嫁到别人家去，看到娘家的人来探望就非常高兴，也会吐露内心的忧愁惧怕，她怕什么呢？怕生出的婴儿是男是女？是否四肢健康？能不能顺利生产？会不会因为难产而死去……

第四章

生子忘忧恩

第三，生子忘忧恩。颂曰：慈母生儿日，五脏总开张，身心俱闷绝，血流似屠羊。生已闻儿健，欢喜倍加常，喜定悲还至，痛苦彻心肠。

由此，我们更能体会母亲生产时的危险和辛苦。

孩子要来人间的那一刻，母亲的五脏六腑就像要裂开一样，血水随着孩子的出生而流出，就如同在屠宰场里的血如泉涌……而此时，不只母亲的身体要受很多的苦，她的内心也正牵挂着出生的孩子是否健康正常。

经过一番挣扎，听到孩子呱呱落地的哭声，刹那间她忘却了所有的痛苦，那种初为人母的喜悦，非言语所能形容，所以说"欢喜倍加常"。

但是欢喜孩子顺利出生之后，产后的痛苦，还是令母亲虚弱不堪。

释迦牟尼佛的母亲摩耶夫人，年过四十才怀孕。我们都知道，女人的年纪越大，生产的危险性就相对提高，尤其两千多年前医学并不发达，当时都采取自然生产，如果无法顺产，就有生命危险。

摩耶夫人虽然身为皇后，但也是一位平凡的女人，在怀孕的过程中，和一般人一样战战兢兢，她期待能生个儿子继承王位。印度的习俗是女人一定要回娘家生产，摩耶夫人也不例外。

摩耶夫人的娘家在迦毗罗卫国的邻国，她在预产期前几天启程要回娘家，经过两国交界的蓝毗尼园时，看到那个地方非常幽静美丽，所以就停下来稍作休息。

当她走到园中的一棵大树下休息时，竟然就在树下生产了，她生下一个很健康的儿子，随从非常高兴地将消息传回王宫。由于摩耶夫人是高龄产妇，产后身体非常虚弱，尽管国王召集了全国的名医为她调治，但还是药石罔效，在生产后的第七天她离开了人间。

虽然已回天乏术，但在弥留之际，摩耶夫人仍是露出满足的笑容，因为她生下太子，对国家、对丈夫都有了交代！尽管她的生命已到了尽头，但内心仍感到十分安慰，这就是母性的伟大。

近代佛教的高僧中，有一位虚云老和尚，他的母亲也是四十几岁才生下他，经过了十二个月的怀胎，生产时竟然产下一团肉球。本来她满怀期待与高兴，希望能生下一个健康的孩子，当她看到是一团肉球时，内心悲恨交加，竟然因此昏死过去，从此没再醒来。只可惜虚云长老的母亲没有看到——剖开这个肉球后，里面是一个健康可爱的男孩。

第五章·

咽苦吐甘恩

第四，咽苦吐甘恩。颂曰：父母恩深重，顾怜没失时，吐甘无稍息，咽苦不颦眉。爱重情难忍，恩深复倍悲，但令孩儿饱，慈母不辞饥。

佛说父母恩重，不只母亲生子辛苦的恩深重，其实父亲爱子的心和母亲并无两样，就像天平一样，两边同样平等。

现在的社会有很多家庭问题，有些夫妻因为感情不融洽而闹到离异的地步，虽然他们说离婚就离婚，可是彼此的心中还是牵挂着子女。

有个故事发生在美国——有位男士是个普通的公务员，他刚结婚时与太太非常恩爱，生活也过得很幸福，后来太太怀孕了，这位先生为了要让太太过更好的日子，也为了将来能让孩子得到最好的教育，所以拼命兼差赚钱。他夜以继日地工作，当然拨不出时间和太太相聚，做太太的虽然能够了解丈夫的辛苦，可是时日一久，她也有满腹的牢骚。甚至孩子出生后，她愈感到忍无可忍，常常和先生吵闹，甚至要求离婚。这位先生看在孩子的情分上百般忍耐，可是他们的婚姻已经彻底破裂，最后终于走上离婚一途。

由于孩子年龄尚幼，所以法院判决孩子归母亲抚养。虽然夫妻已经分离，但是为人父亲者的心总是时时惦念孩子。因为离婚的打击，这位先生万念俱灰，每天徘徊在公园中，怀念以往和太太带着小孩一起散步，同享天伦之乐的日子。

而做太太的也忘不了和先生那段甜蜜的时光。有一天她也带着孩子到公园玩，当这位先生又来到公园徘徊时，眼睛一亮，好像看到自己的孩子，可是他又不敢相信，以为是一种幻境，没想到这个孩子一看到他就马上跑过来牵着他的手，叫他爸爸，他高兴地流下泪来。抬起头看到树下站了一个女人——正是他的太太。

这个孩子牵着父亲的手，把他拉到树下，又以另一只手牵起母亲的手，把他们两个人的手握在一起，然后他向父母亲说："我要去玩了，你们好好谈吧！"说完就蹦蹦跳跳地跑向孩子群中玩耍，这对夫妻则相视而笑。一个破碎的家庭，就在聪明伶俐的孩子撮合下又团圆了。

由这个故事我们可以了解，孩子不能欠缺父母的爱，只要做父亲的有真正爱子女的心，他一定会好好衡量自己的时间和家人共享天伦之乐；而做母亲的如果真正爱子女，即使受尽委屈，她还是愿意忍受，并想办法化解一切。

虽然这个故事发生在美国，可是西洋与中国社会的父母之情都是一样的，慈济曾处理过很多类似的个案，也圆满地挽回了很多破碎的家庭。所以说，普天下父母爱子女、照顾子女的心，都是一样的。

做父亲的为了子女，宁愿做牛做马、辛苦地工作，只为了让子女过得更好，而做母亲的为了抚育子女，把好吃的留给子女吃，把苦的、不好的自己吞下，连眉头也不皱一下，所以说"吐甘无稍息，咽苦不颦眉"。

父母为了子女，什么都愿意付出，即使他们心中有无限的委屈，但他们还是以子女为重，所以说"爱重情难忍"，他们对子女的恩情真的很深重。我们如果好好反省，想起来真是会感到心酸，更何况有些人已是子欲养而亲不待，像这样的人更是"恩深复倍悲"啊！

"但令孩儿饱，慈母不辞饥"，这句偈文是说：只要子女能够温饱，做母亲的多饥饿、冻寒都没有关系。这就是天下慈母心！

父母为子女付出的感人事迹，实在太多了，但却难得见到子女为父母付出的动人故事。总而言之，希望大家能好好回馈父母恩，利用父母赐给我们的身体，多多发挥功能，去报答一切众生恩，能造福人群，回报众生，就是行大孝，也是报大恩——身为佛弟子要多用心，不要为自我解脱而逃避人群，应该行大孝、报大恩，才是真正回报父母恩。

第六章·

回干就湿恩

第五，回干就湿恩。颂曰：母愿身投湿，将儿移就干，两乳充饥渴，罗袖掩风寒。恩怜恒废枕，宠弄才能欢，但令孩儿稳，慈母不求安。

从这段经文中，确实能体会出母亲爱子女是深入心扉的。

孩子幼小时因为饿了、尿湿了，就大哭大闹，不管是半夜或天寒地冻，做母亲的即使再累，也要赶紧起床，替孩子换上干净的衣服和尿布，然后给他吃奶。喂饱了孩子之后，又把他安置在干爽的地方，让孩子睡得安稳舒服，而自己却睡在湿的位置。

母亲对子女的一切作为，就是希望子女能健康快乐，所以说"母愿身投湿，将儿移就干"。父母对子女的恩德真是重如山丘，他们宁可自己受苦，也要使子女得到快乐。

"两乳充饥渴，罗袖掩风寒"——过去的女人很保守，穿衣服一层层束得很紧，不让身材凸显出来，但是为了哺乳方便，也顾不得保守，只得穿上宽松的衣服，以致天气寒冷时，冷风钻过衣服缝隙而冻得发抖，只好以宽宽的袖子把哺乳时裸露的胸部掩盖起来。

由这段描述，我们可以想象得出，古代的女人解开胸衣，以双乳喂哺孩子的那份娇羞和气质，是多么地柔美。所以说，以"真善美"来形容做母亲的那分慈悲柔和，实在是最恰当不过的。

不过这种美态现在已不容易看到，而"移湿就干"的情形也太少了，因为现代人在孩子一出生后，就让他吃婴儿奶粉，单独睡婴儿床，而尿布也改成纸尿片了。

记得小时候看到临产期的准妈妈们，都会向人家要老人穿过的衣裤，并且把旧衣服、被单，剪成一块块当尿布。而以前老人的裤子都是半长短、宽宽松松的，孩子出生包好尿布后，把老人裤的裤脚朝上，孩子放在两只裤管中间，从肩膀以下包卷好，所以尿布一湿，连外面的这一层也湿了。以前如果经过人家门口，看到竹竿上晒着多少尿布，就知道这家人有多少小孩。当然这种景况现在已不容易看到了，因为大家流行用纸尿片，用了就丢。

听说一块纸尿片要七八元（新台币。），一天至少也要用四五块，算算一个月必须花多少钱呢？一个孩子每个月所花的纸尿片钱，就足够我们照顾的阿公、阿婆生活一个月了。

　　所以时代越进步，东西越多也越方便，造成现在的孩子一出生就开始消费消福；而现代的母亲，也无法显现过去那份初为人母的柔美形态了。

　　除了尿布用纸代替，母乳也被牛奶取代，母亲很少再亲自哺乳，所以也不需用罗袖来遮掩裸露的胸部，现代的母亲实在轻松多了，但相对的也较少机会发挥母性爱的光辉。

　　母亲与子女这份天然之爱是最密切的，现在外国已深深体会到亲子之间的代沟，是因为母子之间缺乏那分哺乳、怀抱孩儿共眠的贴切亲情，使得亲子之情日渐疏远；所以当父母年老时，子女也比较不懂得应尽扶养孝亲的责任。因此现在开始提倡：孩子出生后以母乳喂哺，让孩子能重新投入母亲的怀抱，希望能重享这分母爱的天赋美德。

　　曾有这么一则故事：有位寡妇独力抚养孩子，她把所有的爱都投注在孩子身上，并且溺爱得过分，不管孩子做任何事，她总是称赞有加。这个孩子很喜欢玩泥巴，他常把泥土捏成泥人，再把竹子削成剑，用竹剑把泥人的头、手、脚砍断，分为六块。做母亲的看了非常得意，还频频向人炫耀她的孩子多聪明。

　　由于她的溺爱，孩子从小就养成喜欢切割的习惯，捉到青蛙、蚯蚓等小动物，他也是一块块地切割；有时在外面偷了人家东西，当妈妈的还帮忙掩饰。

随着年龄增长，渐渐地，孩子由偷而抢。有一天，他抢钱杀了人，并把尸体分割、弃置。破案后他被判死刑，在行刑前，法官问他有什么要求，他说唯一的要求是想在死前见母亲一面。母子会面时相拥大哭，儿子要求母亲再给他吸一口奶。做母亲的一向溺爱儿子，想到儿子即将行刑，也就答应了他的要求；没想到这个儿子竟然在牢房中把母亲的乳头咬掉，并怨恨地说："从小就是母亲没把我教好，所以才让我走上不归路，今天我要上刑场断人头，母亲就在狱中断乳头。"这是多么悲惨的母子会啊！

这则故事告诉我们：孩子出生后，父母如果好好照顾、教育他，孩子就是将来社会的栋梁；如果爱的方法错误、教导的方式偏差，就会教出社会的害群之马，也误了孩子的一生。

所以，为人父母的责任实在重大！当然，为人子女者也应该知道父母的养育之情，恩重如山。如果人人都能体会父母养育的恩德，自然能够家庭幸福、社会和睦。

第七章·

哺乳养育恩

第六，哺乳养育恩。颂曰：慈母像大地，严父配于天，覆载恩同等，父娘恩亦然。不憎无怒目，不嫌手足挛，诞腹亲生子，终日惜兼怜。

世间一切万物皆靠大地承载：不论山有多高、海有多深，也不管溪河多么宽广，没有一样不是由土地承载。人依大地生活，每个人的脚都直立着地，一切的五谷杂粮也是从地上生长出来——人的生命和资粮，都是靠大地而生长。

万物有时需要雨水，有时需要阳光，气候的寒暑必须固定循环，雨露、阳光也必须均衡，才能滋生万物；良好的天候使一切生命发育健全、生长顺利。

这段经文是比喻父母亲的恩德；母亲像大地一样承载我们、滋养我们，而父亲像天一样庇护我们，这种无怨无尤的付出，可以说是恩德配天地。

做母亲的未结婚时，也是人家的女儿，无忧无虑地过日子，每天穿戴整齐、打扮得漂漂亮亮的；但婚后有了孩子之后，就顾不得自己的形态了，尤其是那些孩子接二连三出生的母亲，她们整天为子女忙碌，哪有时间妆扮自己呢？

我曾亲眼看过有位妇女，胸前抱一个，背后背一个，身旁再牵两个，裙子后面又拉了两个，结婚七年生了六个，裙子被孩子拉得快掉下来，也没空闲用手去整理。这绝不是开玩笑，过去当母亲的负担就是这么沉重啊！

前面所说的都是强调母亲生育孩子是多么辛苦，这段经文则说明"覆载恩同等，父娘恩亦然"——父亲疼爱子女的心和母亲是一样的。

记得不久前有位年轻的父亲带着两岁多的小女儿，从台南坐夜车，赶到花莲慈济医院，为的是医治女儿的病。他的女儿患有脑性麻痹症，他为此找遍全省的名医，也从寻找医师到询问宗教。其中有位宗教人士建议他到花莲慈济看看，所以他特地坐夜车赶来。看他那分恳切虔诚的样子，可以体会到父亲和母亲爱子女的那分情完全一样，所以说"父娘恩亦然"。

"不憎无怒目，不嫌手足挛"——父母对子女是不会憎恨的，因为子女在他们的心目中，永远没有不能原谅的；即使再生气，他们也不断找理由原谅孩子，甚至"不嫌手足挛"，俗云子不嫌父母贫，而父母也不嫌子女有缺陷。不论孩子是否残缺不全、是否智能不足，在父母的眼中，儿女总是那么令人疼爱。

记得苏澳有个个案：有对年轻夫妇以做小工维生，生了一个儿子罹患小儿麻痹，做父母的为了要医治孩子的病，典当一切物品、卖尽房子田地，六七年间所付出的医药费非常庞大，对他们而言，可说是到了山穷水尽的地步。后来终于来到慈济医院，这个孩子很乖巧而且上半身很健康，但是他的两只脚却无法正常着地，医院为他做了很特殊的开刀治疗。

这对父母为了孩子而放下工作，只要有一线希望，就不惜一切带孩子四处医治诊疗，父母爱子女的心态就是如此啊！

平常人也许都认为生老病死是循序渐进的，以为人年纪大了才会生病、死亡。其实人生无常，而这个无常却不一定发生在老人身上，可能瞬间就降临在任何人的身上。

有位志工告诉我一个个案：有一对夫妻，两人均做小工，生了七个子女。有一天，有个工地开工，夫妻俩很高兴地去上工，把孩子留在家中，没想到抵达工地不久，邻人就来告诉他们，他们的孩子在家中玩鞭炮，其中七岁的小儿子被炸伤，右手断了，左眼瞎了，整个脸面目全非。这就是无常！人间的一切祸害都在瞬间发生的。

我也曾在电视新闻报导中看到一个十三个月大的孩子，竟然得了肝硬化，必须做器官移植手术。但是十三个月大的孩子要去哪里找同龄孩子的肝脏呢？做母亲的抱着孩子无语问苍天，想到孩子的生机渺茫，只能以泪洗面。

由此可知，孩子从出生开始，一直到长大成人，这个过程做父母亲的要付出多少辛苦和担忧呢？

父母对子女的爱是绝对的，他们不嫌子女残障丑陋，心甘情愿为子女付出一切，因为子女是从自己的腹中孕育出来的，所以一天二十四小时——八万六千四百秒中，分分秒秒都是疼惜与爱怜，所以说"诞腹亲生子，终日惜兼怜"，父母的恩德真如天覆地载。

第八章

洗濯不净恩

第七，洗濯不净恩。颂曰：本是芙蓉质，精神健且丰，眉分新柳碧，脸色夺莲红。恩深摧玉貌，洗濯损盘龙，只为怜男女，慈母改颜容。

这段经文是形容做母亲的人，在少女时代也曾丽质天生，但身为人母之后，为子女损坏身形也在所不惜，这分母爱着实令人敬佩。

芙蓉是形容很美好、细致的意思。女人体态小巧玲珑，心思细腻，智识精明，所以说"精神健且丰"。"眉分新柳碧"形容眉目都很美的意思，"脸色夺莲红"则譬喻面色比红莲还要美丽。这些都是形容词，形容一个女人为人母之前，那股少女的清新气息和美丽容貌。

"恩深摧玉貌"——母亲为了孩子，忘食忘眠地夜以继日操劳。人一旦缺食缺眠，很快就会憔悴，所以再美的容貌也都被摧残了。

记得几年前，我在报纸上看到一则很感人的故事，也是很悲哀的人生。有位女孩子年纪到了二十几岁，选择的结婚对象受到父母极力反对，但她却不顾一切与对方私奔，第二年生了个女儿。他们夫妻感情很好，做先生的也很争气，努力工作，建立美满的家庭。结婚第三年妻子又怀孕了，但没想到在她怀孕五个月时，有天先生在下班回家途中却发生车祸，送医院三天后就死亡了。

这位太太受到这种打击，哭得死去活来，她想：几年前不顾家人反对与他私奔，一切希望都寄托在先生身上，没想到他却撒手人寰！而今身心已无寄托之处，娘家能回去吗？亲友能接纳吗？……想到丧夫之痛及前途茫茫，令她感到生不如死。

大家纷纷安慰她，提醒她要顾念孩子——为了孩子总是要坚强地活下去啊！她用手摸摸肚子，方才如梦初醒，真的坚强勇敢地活了下去。

五个月后孩子出生了，是个男孩，她非常高兴，专心抚养这对儿女。在这段期间，娘家也已原谅、接纳她，她妈妈常常来看她、帮忙她。一直到孩子八个月大时，有一天突然发高烧，又看医生又住院，却丝毫没有起色。原来这个孩子出麻疹时并发肺炎，她变卖一切来治疗孩子的病，最后孩子还是在她的怀中往生了。

她再度遭受重击，终于精神错乱了，整天抱着这个孩子唱"摇团歌"（即摇篮曲），尽管孩子已经发臭了，她还是日夜不离手，甚至把孩子背在背上不肯放下来，如果有人要碰孩子，她就大哭大闹。她妈妈没办法，只好请精神科医师来。这位医师带着两位护士来向她说："你的孩子已经退烧了，他在笑了，把他解下来，我来帮他打针。"她听到孩子烧退了、会笑了，精神好像较为冷静下来，才把孩子解下，医师立即乘这个机会为她打针，送她到医院治疗。

这是个活生生的人生悲剧！这个女人的生命好像全为了先生和子女而活，这分母爱的执著和真情的流露，实在令人感叹！但她却是个不孝的女儿——因为执著于对丈夫和子女的爱，带给父母长时间的心痛和烦恼；不知生命价值的真谛，到最后变成精神分裂，这是多么愚蠢啊！

佛陀告诉我们，凡夫在愚痴和迷恋中过日子；普天之下的人群中，有多少这样不幸的女人呢？

"洗濯损盘龙"——女人的贤慧，从她们粗糙的双手就可以看出来，因为一个任劳任怨、不嫌辛苦为家庭付出的妇女，她会毫不计较地操劳家务，双手自然会变粗变丑。

"只为怜男女，慈母改颜容"——做母亲的心心念念都是怜爱子女，尤其现在的妈妈都舍不得让儿女洗碗做家事，怕他们的手变丑。也有人体谅子女下班下课回来，已经够累了，不忍心让他们再做家事，这就是怜爱心，时时刻刻抱持爱子女的心态，凡事自己动手，忙得没时间梳洗。如此数十年的劳苦、操作、拖磨，哪能再像少女时代那般的美丽和灵巧呢？

天下慈母心，学佛的人应该好好爱惜身体，因为有健康的身心，才能为人群付出服务的功能。父母辛苦养育我们，就是期待子女能出人头地，为人群付出力量，如果能这样才不愧为人子，才是真正的回报父母恩。

第九章·

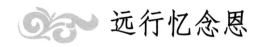

远行忆念恩

第八，远行忆念恩。颂曰：死别诚难忍，生离实亦伤，子出关山外，母忆在他乡。日夜心相随，流泪数千行，如猿泣爱子，寸寸断肝肠。

由这段经文我们可以体会出父母对子女的那分牵肠挂肚之情。其实父母对子女不只是小时候关心、疼爱，即使子女长大成人了，还是一样牵肠挂肚，病在儿身，疼在娘心，这就是亲子一体。

孔子有位弟子名叫曾参，他的家境虽然很穷苦，但却非常孝顺。有一次曾参下田帮父亲耕作，父亲要他除去瓜田中的杂草。由于瓜苗刚发芽，与杂草相类似，曾参分不清瓜苗或杂草，因此把瓜苗也都拔除了。父亲看了非常生气，拿起扁担打了他一顿。曾参被父亲责打之后哭得很伤心，回家后甚至连饭也吃不下。

孔子知道这件事，就叫子贡去安慰他，但曾参的回答却出人意料之外。他向子贡说："我并不是因为被父亲打，感受皮肉之痛而哭，而是因为父亲以前打我的时候，力量很结实，表示他的身体还很健康，这次父亲打我，我发现他的力量没有以前那么结实。想到他的身体逐渐衰迈，所以我伤心啊！我是心痛而哭，心苦得吃不下饭啊！"

这是过去圣贤者的孝思！而现代的子女被父母亲骂几句，就会马上顶撞；连骂都受不了了，何况用打的？所以圣贤与凡夫的心念境界，不同之处就在这里。

"死别诚难忍，生离实亦伤"——古时候因为交通不方便，若要做生意或求学，出一趟门往往要好几个月，甚至好几年。尽管子女已长大，但要离开时，父母还是依依不舍；子女在外乡，父母的心同样无时无刻不随着子女在他乡外里，无法有片刻的安心。

曾参长大时父亲往生了，他与母亲两人相依为命，每天上山砍柴。有一天孔子有要事派一位弟子来找曾参，当时曾参在山中砍柴，做母亲的无法找到他，心中一急，把手指放进口中一咬，有句话说"母子连心"——曾参在山中砍柴，正要捆绑时，突然觉得心中一痛，他直觉地想到，一定是家中的母亲有事情，因此连柴也顾不得拿，急急忙忙奔跑回家。这个故事也显示亲子之间心、体相连的深情。

"子出关山外，母忆在他乡"——孩子出门在他乡异地，母亲的心也是随着孩子远行去了。现代有许多父母为了孩子的学业，不忍孩子在台湾受到升学压力，纷纷把孩子送到国外，为了照顾孩子的生活起居，父母亲必须轮流陪孩子寄居国外，一个家庭分散两地，这岂止是忆念而已！

"日夜心相随，流泪数千行"——孩子出门在外，做父母的日日夜夜思念，见不到孩子的面就担心，一担心起来就哭，用眼泪来表达对孩子的思念。

父母为子女牵肠挂肚，只为儿女将来的幸福着想，这就是"慈"；子女有任何苦难，做父母的都愿意自己来代受，这就是"悲"。父母对子女的心是大慈大悲，佛陀对普天下的众生，也就像父母爱子女的心一样，只不过父母的慈悲，是缩小在自己的几个孩子身上，爱得太狭隘，而佛陀是爱普天之下的众生。学佛就是要学习把父母心扩大为佛菩萨的心。

现代的人很容易忘掉父母生养的恩德，我曾看过一个活生生的例子：有位母亲生了十个孩子，每个孩子都非常有成就，但是这位母亲却是晚景堪怜。

老太太有一个儿子是企业家，听说光是金屋藏娇就有五处；有一个儿子是医师，开了一家小型的综合医院，然而，他的母亲病倒在家乡却无人问候，也没钱看病。

看看孩子们的成就，不难想象得出这位母亲曾经如何用心地教育子女、如何辛苦地栽培他们。没想到，到了七十几岁，人老了、病了，孩子却忘掉了母亲！

当初接到这个个案时，我们曾问过她的儿子为什么不把母亲接去同住？他说老人家很固执，喜欢住在家乡。问他为什么不常回去看她？他回道："我太忙了，我和太太两人要轮流出国去照顾孩子啊！"

这就是现代的社会现象：照顾自己的子女是责任，但对父母亲却是抱着"又不是只有我一个子女"的心理，互相推诿。所以有句话说"多子饿死爹"，这种世态炎凉的人生，真是令人感叹生子何用？

佛教中有个故事，有位猎人抓到一只猴子，把它剖肚取骨，要熬"猴胶"，母猴一路跟随在后，当它看到小猴子被猎杀剖肚抽肠取骨时，伤心地一直哭一直叫，最后竟倒地而死。这位猎人心想：为什么这只母猴会来送死呢？于是将母猴开膛剖腹，竟然发现它的肝肠已寸寸断矣！这就是"如猿泣爱子，寸寸断肝肠"。畜生的母爱尚且如此，何况是人类母爱！子女如果发生了什么事，母亲那分爱子的慈心，就像母猴忧子一样安不下心来，欲哭无泪，投诉无门，所以她肝肠寸寸断啊！

父母对子女的关心爱护是无微不至的，也是无处不在的，即使子女长大成人、离乡背井，做父母的一颗心还是牵挂在孩子的身上啊！

第十章·

深加体恤恩

第九，深加体恤恩。颂曰：父母恩情重，恩深报实难，子苦愿代受，儿劳母不安。闻道远行去，怜儿夜卧寒，男女暂辛苦，长使母心酸。

父母对子女真是恩深情重，我们要报答父母恩，实在是难报于万一啊！

也许有人会感慨现在懂得报父母恩的人太少了，其实，不只是现在，过去也有不孝的人啊！

佛陀在世时，有一位阿阇世王，他尚为太子时，他的父王频婆娑罗王是佛教一位虔诚的护法者。当时佛陀的身边有一位弟子名叫提婆达多，他一心想要超越佛陀，成为普天之下唯我独尊的"新佛"，因此千方百计地想要杀害佛陀。

提婆达多为了达到目的，就去勾结阿阇世太子，唆使他说："你如果灭除你的父亲，就可以为新王；我灭除了佛陀就可以成为新佛，如此天下就是我们的。"阿阇世由于欲心蒙蔽良知，就真的把父王囚禁到牢中，篡位为王，并对父亲断了水粮，他的母后无法忍受儿子这种逆行。但阿阇世自立为王后，下令任何人都不能送东西给父王，母后无可奈何，只好天天沐浴干净，然后把蜜汁涂满全身，利用到牢中与国王会面时，把衣服脱掉，让频婆娑罗王用舌舔食她身上的蜜汁。

经过了七天之后，阿阇世发现父王没死，深感奇怪，打听得知原因，就把母后软禁在宫内。如此再经过七天，频婆娑罗王竟活活饿死在牢中。

母后心中又恨又痛，但终究是自己的儿子，又能奈之何？阿阇世本身也有儿子，有一天吃饭时，他儿子要求要让自己最喜欢的一只狗与他们同桌共食，阿阇世无可奈何地答应，并感慨地说："我身为一国之王，却要顺着儿子，与狗同桌吃饭。"

那时候母后听了说："这没什么啊！你知道吗？小时候你的手上长了一个疮，生了脓，你痛得一直哭，你父亲为了让你减少痛苦，竟然不怕脏也不怕臭，用嘴把脓血吸掉。"

阿阇世听了如梦初醒，心想：我为了爱孩子，竟顺从儿子的心与狗同桌吃饭；父母疼爱子女的心应该都是一样的，我父亲甚至用嘴吸吮我的脓血，这种恩德我如不知报答，那我还算人吗？

他赶紧跑到牢中，看看父亲是否还有救？但是太慢了！父亲已经死了，想要孝顺也来不及了，这时他心中的忏悔悲痛可想而知。

即使是与佛同世，也同样有人迷失人性、做出伤天害理的事，何况现在世风日下的社会？我们学佛，应该要常常反省自己，是否及时知恩报恩？

"父母恩情重，恩深报实难"——父母的恩情重如泰山，我们要报答已经很困难了，如果还等到孩子长大、父母也年老时才想到要报答，那时已经为时不长了，所以说恩深报实难。

"子苦愿代受，儿劳母不安"——父母亲为子女辛劳工作，如果子女生病受苦，父母宁愿代替儿女受苦，只要孩子平安无事，父母即使再累再苦都愿意。有些孩子较体贴，想替父母分劳，父母就会考虑很多，怕孩子太辛苦；女儿要帮忙做家事，怕她双手变粗变丑，儿子要代替父亲去做工，怕他力气不够……种种顾虑，都是因为父母对子女的疼爱。

"闻道远行去，怜儿夜卧寒"——有些人外出去求学闻道，天寒了，做父母的就担心孩子身上穿的不够暖和，赶快想办法寄去暖厚的衣服；甚至过年过节，也要寄去一些年节的物品给异乡的子女。

有个慈济委员，她的女儿在日本念书，端午节前几天她就开始包粽子，我问她："怎么这么早就在包粽子了？"她说："我要赶快包好，明天叫先生搭飞机送到日本给孩子吃，让她们也过过端午节。"无时无刻不关心孩子，这就是父母心啊！

"男女暂辛苦，常使母辛酸"——做子女的如果暂时稍微辛苦一些，做母亲的就日夜难安。

第十一章·

究竟怜愍恩

第十，究竟怜愍恩。颂曰：父母恩深重，恩怜无歇时，起坐心相逐，近遥意与随。母年一百岁，常忧八十儿，欲知恩爱断，命尽始分离。

　　人与人之间相处都会有感情，但也会因一点小事磨擦而记恨在心；但是父母却不一样，父母对子女的恩德是绝对的，总是时时抱着怜爱的心来照顾子女。子女再怎么坏、怎么不孝，父母还是抱着怜愍宽容的爱心来对待他们，看到子女有任何苦难，都会让父母痛彻心扉。

　　莲池大师曾说过"父母恩重如山丘"，父母对子女的恩德像大山那么高，像大海那么深，不管任何时候，他们对子女的爱都不曾停歇。所以说"父母恩深重，恩怜无歇时"。

　　"起坐心相逐，近遥意与随"——当孩子学走路时，父母就跟前跟后的，随着子女的身子晃动，父母的心也无法安定。子女一天天长大了，父母亲的关心和爱念，并不会随之减少，即使子女已长大成人，甚至离家在外，他们的心还是跟随在孩子身上，无法安宁。即使子女年龄已到七八十岁，但在一百岁的母亲眼中，他还是一个长不大的孩子。

曾听过这么一则小故事：有位忙碌的企业家，他很喜欢打高尔夫球，每天一大早出门打球，晚上又要应酬到很晚才回来，早出晚归，做母亲的想见孩子一面都很难。每次看到孩子打球回来，一身大汗淋漓，肩上还背着重重的球袋，她看了非常心疼。

有一天她起早了，正好看到儿子背着球袋又要出门，她拦住儿子说："孩子啊！你何必这么辛苦呢？不要再打球了，如果非去不可的话，倒不如请一个人代你去打吧！"

这就是慈母心，虽然这个儿子已经是好几十岁的大企业家了，但在母亲的眼中，他还是个尚未长大的孩子；这就是父母爱子女的长久心，所以说"母年一百岁，常忧八十儿"。那么要到什么时候，父母才放得下爱子女的心呢？要等到他咽下最后一口气，这分爱才会终止啊！

人的感情很脆弱，尽管平常感情很好、爱情很深厚，但稍微有些让对方不顺意，所谓的"爱"很快就会消失。真要问世间情爱是何物，只怕唯有父母对子女的爱和恩情是永不减损的。

父母对子女的爱，犹如细水长流、绵绵不绝，而子女回报父母的，总是极其有限。须知"百善孝为先"，过去如果曾疏忽这分孝念，要赶快弥补，从现在起及时孝敬父母还不迟。父母是孩子的榜样，如果我们能时时对父母克尽孝道，就是给自己孩子最好的教育——将来有一天自己年老时，子女也会学习好榜样来孝顺我们；这就是身教，也就是爱的教育。

父母对子女的感情究竟有多长呢？经文说："欲知恩爱断，命尽始分离"，要等父母寿命尽了，才会无奈撒手，这就是父母对子女的宏恩长情！

子女对父母的情，经常是情薄如纸。有需求时，总认为父母给他们是理所当然的，而他们付给自己的子女也认为是应该的；可是稍微回报父母一点点，就觉得已经付出太多了，甚至还计较兄弟姊妹应该分担一些，这是目前社会上普遍存在的现象。

有一次我到医院去，病房中有一位老太太坐在椅子上，把头趴在椅背上，我拍拍她的肩膀问她："阿婆，你怎么了？"她说："我很难过！"隔床正好也住了一位老太太，她的媳妇坐在她身旁正在替她擦脸，婆媳之间就像母女那么亲密。

隔床的媳妇向我说："那位阿婆好可怜！医师说她没什么病，可是她却从白天呻吟到半夜，又从夜晚呻吟到天亮。"

我回头问这位老太太说："你怎么了？儿子媳妇呢？"她说："儿子在上班，媳妇也没来看我。"我说："现在都是小家庭，媳妇也有她的事要忙，所以无法来看你。"她听了，忿忿不平地回答："孩子都请人带，哪有什么好忙的？"

婆媳之间有这份代沟存在实在令人慨叹，做媳妇的没想到今天能够请人带孩子,日子过得这么好,是因为先生的庇荫;而能有这么好的先生,则是婆婆生养给她的啊!如今老人家病了,她认为把婆婆送进医院,就算尽了子媳的责任,可见子媳对父母公婆的这份孝思实在太淡薄了!既然孝思亲情这么淡薄,当然就没有什么亲恩好谈的了!

佛陀视所有众生如罗睺罗——罗睺罗是佛陀的独子,他在皇宫被佛陀度化出家。佛陀认为人在社会人群中,不断地造业:人与人之间斗争不息,国与国之间也不断地战争,而一个国家为了成就一个国王,不知要损伤多少人命。

看看现在的世界,战争一直不曾中断,牺牲的人命不计其数,战争不知何时能了?说实在的,两国交战,人民之间并没有仇恨,但是一声令下,彼此开战,无辜的人民便在炮火中牺牲了,辛苦建立的家园也摧毁殆尽,追究其因,只不过是几个执政者的权力争执、贪心欲念罢了!

佛陀出家,就是因为看透众生弱肉强食的情况。因此放弃权力、地位以及荣华富贵而出家修行。他透彻了生命的真理,再来度化他的父亲、儿子、妻子、姨母,让他们脱离世俗间的贪欲烦恼,他希望大家都能抱持"无缘大慈,同体大悲"的心胸,视普天下众生都如自己的父母、子女、亲人。

在世俗中,人们永远无法割断私我的感情,即使是再贤慧的母亲、贤明的父亲,他们还是私情难断——心心念念都在自己的孩子身上。这些都是有色彩、有污染的爱，又怎能做到无缘大慈、同体大悲呢？

佛陀就是希望他的儿子罗睺罗能够去爱普天下的众生，而不只是把他的爱局限于一个国家中，所以度子出家，这就是最深刻的大爱。

一般做父母的，爱子女只是这一生、一世，但佛陀爱天下的众生却是累生、累世，而这种爱就是长情大爱。

我们都是佛教徒，既然要学佛，就必须以"父母心"来关爱普天下的众生。视普天下的老者都是我们累生累世的父母——像佛陀看到一堆白骨，就很恭敬地礼拜，并且开示弟子：这些白骨是他生生世世父母的骨骸。

佛陀以累世累劫的慧命，不断地来回于六道中；然而倒驾慈航于娑婆世界，就必须借父母所生之身才能来到人间。所以佛陀不只感恩过去生的父母，也感恩未来世的父母。

佛陀的母亲摩耶夫人因为生了福子，而往生忉利天；佛陀将入灭时，思母恩未报，因此到忉利天为母亲讲述《地藏经》，使她能闻法得度。而佛陀的父亲也因听闻佛陀的说法得到初果，这就是以父母生育的生命来回馈、长养父母的慧命。

一个真正的佛弟子，应该以智慧来启发父母的慧命，更应该视一切众生如己子，时时抱持为人父母的心怀来爱护众生，以及为人子女的孝思来礼敬众生，这才是真正以大孝回报父母恩。

子

过

第一章·

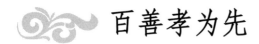

百善孝为先

佛告阿难：我观众生，虽绍人品，心行愚蒙，不思爹娘，有大恩德，不生恭敬，忘恩背义，无有仁慈，不孝不顺。

这段经文描述为人父母对子女的恩德宏大，而为人子女者往往对父母不恩不义；所以佛陀告诉阿难："以我来看，很多人虽然看起来是人，却只具备人的形貌而已。"

"众生"与"人"有何差别呢？"众生"指的是一切有情识的动物，人如果欠缺仁德、感恩的心，不知以慈悲、智慧为依止，就离众生不远了！

孔子的弟子子游曾问孝于孔子：为人子女，应该如何做才算尽孝？孔子回道："今之孝者，是谓能养，至于犬马，皆能有养，不敬，何以别乎？"

儒家重视孝道，孔子讲学时一再提倡孝，所以他的弟子们常常要彻底追究"孝"的意义。孔子回答的这段话，也可让我们了解那个时代一些子女对父母的态度——认为供给父母生活所需，让父母吃饱穿暖就是孝顺。所以孔子一再提醒大家，对待父母还要有一分敬重心。如果子女只像养牛养马一样，供给父母吃穿住而不由内心恭敬尊重，那为人父母的是何等可怜啊！

敬是表现于外的孝心，人性中美的形态就在于这分恭敬。以前的人用行动表达对父母的恭敬——父母坐上座，子女坐下座；父母若站着，子女一定不敢坐着；甚至父母脸色不大对劲，做子女的就长跪不起，直到父母的脸色和缓才敢起来。反观现代人呢？

曾经有位年轻的太太来看我，她说："最近我怀孕了，不太敢出门活动，因为医师说我罹患糖尿病，怕影响胎儿，要我常常到医院检查。"她是怕影响胎儿，所以常常到医院，而不是因为她自己患有糖尿病才去检查。怀孕初期她就如此战战兢兢，这分牵挂不知要持续到什么时候？可想而知，一直要等到孩子生下来，医师宣布孩子一切健康正常，她才会安心。

我常说父母疼爱子女是一辈子的事，直到自己的生命终了才停止；而子女爱父母的时间又有多长呢？父母辛辛苦苦地把子女抚养长大，大多数的子女一旦成家立业，就会说："我自己有家庭要照顾，哪有办法再照顾到父母呢？"

孔子时代，有人认为孝顺父母就是能奉养父母，两千多年后的今天，世人也多认为如此，所以，佛陀感叹众生"虽绍人品，心行愚蒙"。

人如果不能开启"人的本性"，则除了形貌与众生不一样之外，并没有什么不同！所以孟子说："人之异于禽兽者，几希！"虽然佛陀曾说："心、佛、众生，三无差别"，但我们不要以为自己和佛陀差不多，一旦迷失真心，我们与众生其实差不了多少啊！学佛就是要好好觉悟人的真心本性。

《庄子》一书中记载了一则故事。

太宰荡问庄子："何谓仁爱？"庄子回道："虎狼有仁爱。"

一般人都认为虎狼是最凶猛残暴的，太宰荡一听到庄子说虎狼有仁爱，马上反驳说："虎狼那么凶狠，怎么会有仁爱呢？"庄子回道："虎狼也能父子相亲，所以有仁爱。"

太宰荡再问："请教什么是至仁？"庄子回道："最高境界的仁，就是没有挂碍于亲情之间的'爱'，对于周围的人，能不分亲疏，用同等的心念去相待。"这句话就是佛教所说的大爱了！佛陀告诉我们，普天之下的人，不论是我亲、非我亲，都是我的父母子女。所以我们视普天下之人应亲疏平等；没有特别亲爱，没有特别疏远，当然也就没有仇恨怨嫌，这就是大爱——普遍的至亲至仁。

唯有靠宗教的精神，来超越人生偏狭的小爱，如此才是理智的爱与孝。

佛陀一再教育我们，人生在世间虽然是依个人业缘，但也必须经由父母辛苦地生育和养育，因此千万不要辜负父母这番生养的心血。

有些人虽然投生人间，看起来人模人样，却无法尽到做人的本分，为什么呢？由于不懂得思念父母恩德，所以就不会生出恭敬心。为人子女者不懂仁义，所表现出来的行为，就是愚蒙。

人和众生的区别就在礼节，如果奉养父母欠缺恭敬的心态，这和饲养其他的动物并无不同。人之所以称为万物之灵，与其他动物不同之处就在于人有智慧，能够分辨善恶。人如果懂得怀念恩德，自然就会生出恭敬心来，如果不懂恩德二字，那就没有礼义可谈了。

魏文侯常常和他一位贴身大臣谈话，每次谈话时大臣都会提起一位学者并赞美其德。有一天魏文侯就问这位大臣说："这位学者是不是你的老师呢？"大臣答："不是。"文侯又问："既然不是你的老师，为什么常常听你提到他的名字而赞叹呢？"

大臣回道："因为他为人谨守人伦，堪为我的模范，有很多事情我都向他学习，所以我常常提到他的名字。"文侯再问："那你的老师是谁呢？"大臣回道："我的老师是郭顺子。"

文侯说："为什么我从来没听你提起你老师的名字呢？"大臣回道："若说我的老师，那根本是无与伦比，我的知识、人品、行为，没有一样跟得上他老人家；他的人品、思想、知识已与宇宙天地合而为一了！他讲的道理很深，他的人生思想我是万不及一，因此我从来都不敢提老师的名字。"

这位大臣有今天的成就是从哪里来的呢？身体是父母生的，才能是老师培育的；可是他却因为老师的学德行为超然、无与伦比而不提师恩，反而和他较相近的人就念念不忘。所以魏文侯感叹地说，仁义礼节真像一堆经不起风雨的泥土，"只要风雨大水一冲，泥土就松散流失了！"这实在令人感慨仁义礼节淡薄如纸啊！

虽然这只是简单的小故事，但相信对有心人能有很大的启发。有人说父母给予子女的恩德太大，反而让子女不知父母恩，所以经文中说"不思爹娘"——不挂念父母亲，那挂念谁呢？当然是自己家中的配偶、子女。

记得有一次慈济发放日，适逢台中会员数百人来参访，那天正好我谈到《父母恩重难报经》的一段话。隔天他们要回家时，有一位中年妇女泪流满面地来找我，向我说："师父，我一定要告诉您，我是世界上最不孝的媳妇，也是最不孝的女儿！过去我都不知父母、公婆对我的好，甚至还怨恨他们，不过现在我知道自己错了！从今天开始，我要以行动来表现对他们的孝养；有一天我一定要带我的母亲、婆婆来，让师父看看我努力的成绩。"

这位妇女看样子在婚前是个备受母亲宠爱的孩子，出嫁后可能是位不知天高地厚的媳妇，如今有缘听到了《父母恩重难报经》，经过深深地反省，知道了父母的恩情，才开始检讨自己对待公婆的态度。

百善孝为先，一切善都是从孝开始，有孝就会有恭敬心，有礼节，对长上有恭敬心，有礼节，对卑幼的人自然就会有无限的慈爱。

第二章·

饮母白血不孝不顺

阿娘怀子，十月之中，起坐不安，如擎重担，饮食不下，如长病人。月满生时，受诸痛苦，须臾产出，恐已无常，如杀猪羊，血流遍地。

母亲怀孕时，整整十个月，坐也不安，躺也不好，真是坐立困难；又好像是举着千斤重担，行走坐卧都非常辛苦，看到食物想吃又吃不下，如同一个长久卧病的人一样。

"月满生时，受诸痛苦，须臾产出，恐已无常"——母亲怀胎满十月临产时阵痛一阵又一阵，心中又害怕不可预知的情况。

有一位四十几岁的高龄产妇，怀孕九个多月，到医院生产，随身携带很多衣服，她向医师说："医师，我已经四十几岁了，现在怀的是第一胎，我的先生是独生子，我想以后我不可能再怀孕了，希望你无论如何要保住我肚子里的孩子，只要孩子保住了，我的生命没有关系，我从一怀孕就有这样的心理准备；万一有什么三长两短，帮我穿上这些衣服就可以了。"

这是多年前一位妇产科医师告诉我的事，让我留下非常深刻的印象。当一位母亲在生产时，从来不顾虑到自己生命的安危，她全部的心念只想要保护孩子，真是令人感动的伟大母爱！

"如杀猪羊，血流遍地"——母亲要生孩子时，就像猪羊被宰杀一样，血流遍地。

受如是苦，生得儿身，咽苦吐甘，抱持养育。洗濯不净，不惮劬劳，忍寒忍热，不辞辛苦，干处儿卧，湿处母眠，三年之中，饮母白血。

孩子即使是安全地顺产，做母亲的还是要经过一番痛苦的挣扎。孩子生下后开始养育，母亲往往把食物苦的部分吞下去，甘甜的留给孩子吃，全心一意地照顾孩子。

母亲不但要照顾孩子吃喝，而且还要清理儿女的大小便，不管多脏多臭，她还是不畏惧，不嫌弃，满心欢喜地清洗，一点也不怨叹，丝毫不觉得辛苦。不论寒冬或炎夏，她为了子女，一切苦都愿意忍受，干净舒服的地方留给子女睡，孩子尿湿的地方自己躺，总之，她愿意代替子女受一切苦。

"三年之中，饮母白血"——孩子从出生开始，三年内都吃母亲如白色鲜血般的乳汁；依赖母乳的营养，而能够发育良好，长得胖胖壮壮的，这是母亲养子的恩德。

婴孩童子，乃至成年，教导礼义，婚嫁营谋，备求资业，携荷艰辛，勤苦百倍，不言恩惠。

父母为了养育子女成人，除了关心其健康外，还要用心教育，从小给予礼义的观念及培养生活所需的学识技能，等到长大成人，又要为子女的婚嫁、事业操心。

常常听到做妈妈的说："我实在很烦恼！"问她："烦恼什么？"有的会说："我的女儿快三十岁了，还找不到对象。"也有人说："师父，我什么都很满足，但唯一遗憾的是我儿子到现在还没结婚。"

儿女的婚嫁问题也是许多父母的一大责任、烦恼。大多数父母都希望儿子能娶一个贤慧的媳妇，这个媳妇除了照顾家庭外，还要能辅助儿子的事业。甚至也有些人说："媳妇对我们两老不好没关系，只要她能照顾我儿子就好。"

父母辛辛苦苦把孩子养大，希望能把他交给贤慧的媳妇照顾，娶媳妇当然必须费心选择，这是父母心。要嫁女儿也是同样的心态，女儿在家像珍宝一样，当然希望她嫁到夫家也能获爱得宠，这也是父母心啊！

由此可见，父母对子女是何等无微不至地关爱，即使他们长大成人，对于他们的婚姻嫁娶还要费尽心思；而且不只是为他们的婚嫁操心而已，还要关心他们的事业发展，这也都是父母心啊！

做父母的只要能力所及，总是安排子女接受最好的教育，留给子女最多的事业财产；然而为了达到这个理想，父母必须经过一番艰辛的创业历程。现在有很多企业家，以前都是从做学徒、扛米、洗瓶子等苦工开始，他们能有今天这番事业，要付出多少辛苦、走过多少坎坷历程？

父母创业的时候付出劳力，成功的时候，仍继续如履薄冰般地守成，精神负担很重，还要为子女的婚嫁事业担心。负担虽然如此辛苦、沉重，也不会奢望子女一丝的报答。

父母不愿子女吃苦，希望能给子女最好的享受，然而很多做子女的却认为这是应该的，有些人甚至仗着父母亲的财势而目中无人，无法体会当初父母创业时低声下气、小心戒慎、看人脸色的艰辛。有很多纨袴子弟在外面吃喝玩乐，如果有人对他说："你父亲以前是多么辛苦奋斗，你现在却这样挥霍？"他就说："这是应该的啊！不然他赚那么多钱做什么？他那么节俭，我不花钱要留给谁花呢？"这就是无法知恩报恩。

男女有病，父母惊忧，忧极生病，视同常事，子若病除，母病方愈。

子女有了一点病痛，父母就很担心，甚至担忧得自己也生病了，而且比子女的病还要严重；这点相信为人父母者一定最能体会。

子女生病，父母照顾他们，好像是天经地义的事；若是父母生病，子女去照顾，人家就不断夸赞："好孝顺哦！真是难得！"

有三位兄妹，他们的父亲在台北住院，但是却一直有个愿望——想到花莲来看我。做子女的非常孝顺，就向医院请假，随车放了一部轮椅，就载父亲来到花莲。

这位父亲中风，手脚不灵活，话也说不清楚地坐在轮椅上，儿子扶着他的肩膀，女儿拉着他的手，倚在一旁传达他的语意，我看了的确打从心底感动，一再对他说："你的子女真孝顺，你实在很有福报啊！"

父母心就是菩萨心，父母爱子女就像水由高处向下流一般自然恒常；而低处的水要往上流，则必须装上马达，所以我一再褒扬孝顺的子女，希望让为人子女者能因为获得这份尊重与赞美而更力行孝道。

"子若病除，母病方愈"——只要看到子女的病痊愈，做母亲的病自然不药而愈了。子女如果有病，父母的病会比他还严重，不只是身病，同时也会心病啊！

我们如果能常常忆念父母这份关怀，就要彻底检讨反省——人生最大的孝，莫过于让父母安心，并且让父母扬眉吐气，只要我们能发挥人生的功能，最起码不会令父母有所遗憾。什么事会让父母遗憾呢？不务正业，危害人群。所以为人子女者应恪尽的基本孝道就是要让父母欢喜安心。

如斯养育，愿早成人，及其长成，反为不孝。尊亲与言，不知顺从，应对无礼，恶眼相视。

父母这样用心养育子女，盼望儿女早日长大成人；一直到真的长大成人了，有些子女不但不孝顺，反而对父母忤逆伤害；即使亲族长辈好言相劝，仍出言顶撞，态度无礼，怒目以对。

看看"瞋"这个字——双眉拉直，双目睁大，一副凶恶相；我们应该以笑脸迎人，不可以恶眼相视，尤其是对父母。

有句话说："和颜顺悦是孝。"为人子女若不会和悦顺从，常常忤逆父母，即使给父母吃山珍海味、穿绫罗绸缎、住豪屋华厦，也不算尽孝道。反之，有些人虽然物质上无法让父母丰衣足食，但却能做到精神层面的孝敬——敬重顺从父母的心意，这样父母也会深感甘甜、贴心啊！

人与众生的区别，在于人能敬慎知礼、有节有度。礼节包括语言，也包括上下有序的行为，这是我们必须注意的。知礼要行之于礼，千万不可以恶眼相向。如果大家都能注意礼节，谦善和气，就可避免在人际间造成不必要的伤害。

第三章·

毁辱亲情朋附恶人

欺凌伯叔，打骂兄弟，毁辱亲情，无有礼义。虽曾从学，不遵范训，父母教令，多不依从，兄弟共言，每相违戾。

现代很多青少年只顾反应自己的心情好恶，对于长辈却失去应有的礼节，有些人如果祖父母管他，他就会说："你管那么多做什么？我有父母管，凭什么要你管？"这是欺凌。如果叔叔、伯伯说他两句，他就会说："我父母亲说我，我都不听了，你啰唆什么？管到我家来！"这也是欺凌啊！

总而言之，面对至亲尊长而不懂得敬重的礼节，就是欺凌长辈。

连自己的祖父母、叔伯、姑姨等长辈，都不放在眼里，更何况是同辈的兄弟姊妹呢？如此一来，因为自己欠缺礼节、不顺从教训，所以亲情也荡然无存了；更严重的，甚至反亲为敌、反爱为仇！

几十年前，社会讲究友谊、珍惜亲情，不论是同宗或是世交，大家的情谊都非常亲密，尽管各自在外谋生，但亲族之间每年都会固定在祖屋中聚会数次。至少在三十年前的社会仍普遍存有这种现象。

而这种礼节却随着时日慢慢变淡了。甚至有人认为祖屋没有用了，土地价格飙涨得这么快，应该把祖产卖掉。一旦谈到祖产出售，大家就彼此对立起来，总想要争多一点，因此演变成争吵、敌对的情形，结果失去了情谊礼节，更把这分亲族血缘忘掉了。

父母不只生养子女，还费心地培育他们读书，从村庄的小学到乡镇的中学，进而到城市的大学。父母亲自己留在乡下节衣缩食，还是想尽办法让子女受最好的教育、享受最好的膳食住宿，一切的起居与学业所需，无不是父母克勤克俭、省吃俭用而供应的。

但是子女在外面求学，是否能真正体会到父母的爱心呢？有些人不好好地用功念书，整日流连于不正当的场所，拿父母的血汗钱吃喝玩乐，浪费金钱，浪费时间，糟蹋父母的心血，这就是"虽曾从学，不遵范训"。

尽管曾听老师讲述古圣先贤的例子，一旦下课之后，这些话就被抛诸脑后了。老师的教示都不依从了，更何况父母亲的叮咛呢？父母如果说他几句，他就顶撞："你懂什么？现在的教育水平提高了，你的想法已经落伍了。"父母让他接受教育，没想到他却反过来轻视父母不合时代。

有些人的父母年纪较大，当兄长的很辛苦地兄代父职，让弟妹完成学业。但弟妹是不是懂得感激兄长的付出呢？

以前的人尊敬长兄就如同尊敬父亲一样，所以有句话说"长兄若父"，社会上也有不少兄姊牺牲自己、成就弟妹的感人事迹。偏偏有些人，连父母都不尊重，何况是兄长呢？他们甚至轻视兄弟的学问不如他，时时抱着抗逆排斥的心理。

出入来往，不启尊堂，言行高傲，擅意为事。父母训罚，伯叔语非，童幼怜愍，尊人遮护。

这段经文是说为人子女的人，不懂出入的礼节，不知尊重父母。

孔子说过一句话："父母在，不远游，游必有方。"父母在的时候一定不出远门，如果非去不可，也一定要让父母亲知道去向。这是为人子女最基本的礼节。

以前大部分子女在外出之前，会先征求父母的同意，如果父母愿意让他出去，规定几个小时之内要回来，他们一定遵循吩咐，在时限之内回到家。或是隔天要出游，一定先向父母亲报告行程，让他们知道行踪。

现代的子女常在换好了外出服之后，才丢下一句："妈！我要出去了。"然后转头就走。有些子女甚至连招呼也不打一声，更遑论事前禀报了。

"言行高傲，擅意为事"——子女对父母长辈讲话的口气、态度都非常高傲，执著于自己的意见，目无尊长，无法采纳长辈的建议。

"父母训罚，伯叔语非，童幼怜愍，尊人遮护"——父母有教养的责任，如果子女犯错的时候，难免要教训、处罚。过去都是大家庭，孩儿遭长辈责骂了，不只是母亲会心疼，连一些婶婆、姨婆也会把孩子拉到一旁安慰："我好心疼啊！心肝宝贝儿！"一些子女不敢违背长辈的原因，也就是由于这种亲情的呵护，这是互相的。

现代父母大部分也是凡事以子女为第一，父母爱子女，祖父母疼孙子，有时候孩子犯错，父母想教训处罚，祖父母却护着他，或是父亲严格教导，母亲却心疼舍不得；这样一方要教导、一方要袒护的情况，就会影响到孩子的心态。

渐渐成长，狠戾不调，不伏亏违，反生瞋恨。弃诸亲友，朋附恶人，习久成性，认非为是。

父母、伯叔看到孩子犯错了想要责备几句，周围的人就会护慰安抚，有时难免养成孩子的骄纵和依赖。等到慢慢长大，没有适时地教育他，就会造成他以非为是，该接受的教育他不愿学，不正确的观念、行为，他却一味盲从。

"弃诸亲友，朋附恶人，习久成性，认非为是"——现在从事教育工作的人常感叹老师难为，在教育学生的过程中，有些家长为反对而反对，舍不得子女被老师处罚，老师讲了一两句重话，做家长的就要去抗议，甚至威胁要控告老师、校长，造成孩子自以为是的错觉。

孩子长大后，行为变得凶狠暴戾，除了不遵从父母训诲，甚至弃绝所有亲人，呼朋引伴，结交恶友；积久成习，便认错为对，指非为是了！

佛陀不断警惕为人子女者，应时时体会父母的恩德，要做到长幼有序、父慈子孝、兄友弟恭。古人说："一日为师，终身为父"，我们不只要教育孩子在家庭中长幼有序，也要教导孩子尊师重道，如此他才能吸收传统优良的道德观念。做父母的应努力使孩子在成长中认知正确方向，是则是，非则非，要能明辨是非善恶。

第四章·

违背爹娘欢会长乖

或被人诱，逃往他乡，违背爹娘，离家别眷。或因经纪，或为政行，茌苒因循，便为婚娶，由斯留碍，久不还家。

有些人因为小的时候未曾受到正确的思想和教育，以非为是，误是为非，长大之后，又加上社会的五欲诱惑，就容易走入歧途。

现在的社会帮派林立，如果思想不坚定，极易被诱拐加入帮派为非作歹，即使有些人已经成家了，却仍背弃爹娘，抛妻弃子，走往他乡。这些人由于一念之差，往往造成离家别眷、背井离乡的憾事。

有些人是为了做生意或是公务政事，不得不离开父母、家乡，时日一年年过去，事业一忙就无法回故乡去探亲；也有些人在外求学，学业成就了，或经商成功了，就在外面结婚；有了眷属的羁绊，就无暇顾及故乡中尚有年老的父母和疼爱他的姑姨伯叔，即使将老死在外，也没想到要回故乡了。

有些父母卖房子、卖田地供子女读书，等到子女学业有成，自己找到对象要结婚时，才写封信简单地告诉父母说："我已找到对象，在同学的祝福中我们订婚了。"或是"我已经决定什么时候要结婚……"

曾有一些父母拿着请帖或是启事来找我，面红耳赤地向我说："师父，你看！我为了培养这个孩子，把田地都卖了，送他出国去念书，最后我只得到这张啦！"我对他们说："有这张回来很不错啊！你既然想尽办法让他出国，一定希望他能专心学业，既然他能专心学业，现在又能专心建立家业，这又有什么错呢？你若能往好处想，善解孩子是出于孝顺，不敢劳动父母再为他操心找对象，所以临到结婚时才告诉你们一声；而且也可能是他们考虑到不敢劳动两位老人家再为他辛苦地跑到美国。看开些吧！亲情本来就是互相替对方着想。"

对方听了之后，想了想说："师父，那我真要感谢他们了，如果不是如此，我的一颗心还是挂在子女身上，遇到刮风我就担心他着凉，整天担心他有没有吃饱睡好，有没有平安，其实这只是徒增烦恼而已。听你这么说，我就宽心多了。"

又有一位母亲怒气冲冲地跑来告诉我："师父，我对人生已感到乏味，真是看破了，可是却又很不甘心！"我问她：

"你既然已经看破了，又为什么不甘心呢？"

她说："我有个女儿，我和她爸爸是多么疼她啊！可以说是心头上的一块肉，在国内上大学时，为了考试要开夜车，我们整夜陪着她不敢睡，她爸爸为她挥扇赶蚊子，我就坐在她身边，四十分钟一杯茶，两个小时一杯牛奶。好不容易女儿大学毕业了，又送她出国留学，没想到她现在却找一个外国人结婚，而且是个黑人……"

我对她说："要嫁的是你女儿，要共同生活的是他们，你既然疼女儿，就应该爱她所爱的人。"她说："师父，我要怎么去爱呢？他全身黑漆漆的，我要如何去爱呢？"我说："学佛人一定要有一分平常心、平等心，你说你看开了，事实上呢？现在你正把'黑'和'白'压在心上呢！"

她说："这么说来，我应该成全她啰？"我说："应该啊！"她说："那她是不是忤逆我呢？"我回答她："只不过是她爱的你不爱而已，但是感情是一件很奥妙的事，她很想听你的话，但却又爱上一个你不爱的人，不过她还算孝顺，在未结婚之前先写信向你报告，告诉你她爱上了一个人，非他不嫁。她如果不孝顺，是不会先告诉你的。你就用心去欣赏她所爱的人吧！别让她再有这分烦恼挂碍了。"

为人父母的，既然已把儿女放洋了，还要把他的心拉住，那岂不是很痛苦？子女在外面选择对象结婚，婚后是不是回来，为人父母的就不要再挂碍那么多了。很多做父母的为子女尽心尽力，可是把子女送出国后，却产生了许多无奈的感觉，这也是为人子女者无法体会到的父母思念骨肉的心情。

或在他乡，不能谨慎，被人谋害，横事钩牵，枉被刑责，牢狱枷锁。

有些人为了求学或是生意、公务而久留他乡，又因为结交恶友或是做事不谨慎，而惹来杀身之祸、牢狱之灾。

几年前，有两位台湾留学生在美国发生严重车祸，父母亲友远在千里之外无法照顾，幸亏美国的慈济人闻讯，及时伸出援手帮助他们。

父母家人欢欢喜喜地送他们出国，哪会想到孩子有一天会在他邦异国生死难卜？父母在这边肝肠寸断、烦恼悲痛，儿子则在那边孤凄无助、身心煎熬。类似这种亲子两相分离的情景，恐怕也不计其数。

在他乡稍有不慎，就可能遇到灾祸；也有些人生活在人事的纷扰中，稍不留意也会得罪人，甚至会招惹杀身之祸。

目前社会上犯罪的年龄逐年下降，曾有一个二十几人的犯罪集团，当中年龄最小的竟然只有十二岁，最大的也才十五岁。他们所犯的案件有抢劫、恐吓，还包括杀人，实在叫人悲叹忧心，也让做父母的感到惊慌——普天下的父母，有谁不担心自己的子女遭受威胁伤害，或担心自己的子女将来作奸犯科？做父母的可以说日夜都在为子女操心啊！

普天之下哪有父母不望子成龙、望女成凤呢？为人父母者看到自己的孩子做案犯罪，心中是多么痛苦啊！除了关心孩子被逮捕前的处境，还要烦恼孩子是否害怕、忧怖，更觉得愧对祖先，愧对所有的亲人、邻居，尤其抬不起头去面对社会大众，相信父母的心比孩子在外流亡的心还苦、还不安。

或遭病患，厄难萦缠，囚苦饥羸，无人看待，被人嫌贱，委弃街衢，因此命终，无人救治，膨胀烂坏，日曝风吹。

生、老、病、死本来是很自然的事，但是如果在自己的家乡病了，因为有亲人照料，心理上还不会觉得孤单；万一在他乡生病了，没人照顾，那种飘零异乡的滋味是很难受的。

"囚苦饥羸"——囚是囚禁牢狱，羸是体弱多病。出门在外，有些人因为犯了错被囚禁；也有人体弱多病，没人照顾。有时一个人如果贫病交加，虽然是近在身边的亲朋好友，也不一定肯去怜悯、接济他，更何况出门在外！

人出门在外，难免会遇到不测之难。有些人抱着远大的理想出国留学，但谁也无法保证他这辈子能一帆风顺。

记得慈济医院启建前，功德会在花莲市内设有一个慈济义诊所，为贫病患者服务。有一位孤残病患，年龄才五十出头，来义诊所时，给人的直觉印象是一位受过高等教育的人。他除了中风半身不遂外，还有其他疾病，一直都住在救济院。

他是台湾中部某望族之后，家世背景可以说是书香门第，他本人甚至曾留学日本。当时能出国留学的人实在不多，尤其能到日本去的人更少。

他在日本学业顺利，由于家世好，生活来源无缺，不久之后便和一位同是台湾去的女孩子恋爱，进而结婚生子；他的家人还是照样供应他的生活费。

等到学业成就了，他仍不想回来，也不找工作，因为他认为台湾的家人还是可以继续支持他的经济，让他生活无忧。然而，后来他又另外结交一位日本女孩，这两个女人为了他闹得不可开交，到最后双双离他而去。

这位年轻人的感情、家庭都破裂了，只好回到台湾，后来父母相继过世，兄弟对他逐渐失望不再看重他，直到他四十几岁时，患了难以治疗的病，因此离开中部，流浪到花莲。

由于疾病缠身，被送到残障救济院去，长时间以来看病吃药，完全都是靠慈济的义诊。

这件真人实事的主角出身望族，衣食无缺，学业有成，却因为人生方向的不正确，造成老病、孤残、无依的下场，这种人生真是很可悲！

有些人自认为学业有成，将来一定前途无量；也有人认为自己出身望族，这辈子一定是衣食无缺，其实不然。佛陀说过"人生无常"，人生的变化往往是在刹那之间，所以眼前的环境并不代表一辈子就是如此。

我常提醒大家要照顾好当下的这一念心，过去的不要再"妄念"，未来的也不要"幻想"，最重要的就是把握现在，尽自己的本分和才能。

白骨飘零，寄他乡土，便与亲族，欢会长乖，违背慈恩。

身寄他乡，种种病苦，无人闻问，一直到死亡都没有人去救治；甚至有人死在街头或是荒地，任由风吹日晒，到尸体肿烂，最后剩下一堆白骨，也都无人收拾。

几年前花莲监狱判处三位年轻人极刑，他们是台中县的原住民，由于一言不合，在船上将对方打成重伤，被害人在临终前写了一张字条，装在瓶子中。后来警方由字条内容才知道船上的命案，并查出凶手因而破案。

结果三个人都被枪毙了，虽然监狱通知家属来收尸，可是家属都不肯出面，因此监狱就通知慈济功德会，要求我们帮他们收尸——埋葬在七星公墓，并处理一切善后问题。

这三位年轻人因一念之差而做错事，最后的下场，却是连父母都不愿来为他们收尸埋葬。

"便与亲族，欢会长乖"——父母兄弟、亲戚族人本来可以常常聚会，共享欢乐，但有人为了求学漂洋过海，或为了公务生意而离乡背井。一念抉择离开了父母亲族，长时间互相背离，想回家又有诸多障碍，因而想要一起欢喜聚会可谓遥遥无期。

父母为子女可说是用尽心血，从母亲怀胎的第一个月开始，就战战兢兢地守护着，直到子女出生之后惶惶恐恐地养育，长大了又用心教导使他完成学业。有的甚至送子女出国留学，希望他们学成归国光宗耀祖，没想到他们一出国就不再归来，弃绝了父母的无尽恩情，更忽略了长上的期待。父母辛苦一生，最后却落得子女一去不回头，这是不是违背了父母慈恩呢？

第五章·

忧念忆子不曾割舍

不知二老，永怀忧念，或因啼泣，眼暗目盲；或因悲哀，气咽成病；或缘忆子，衰变死亡；作鬼抱魂，不曾割舍。

目前的社会要交朋友很容易，尤其更有机会结交异性朋友，可是这种男女之爱就像电光露水一样，短暂无常。所以佛陀说人生无常："如露亦如电"，人的心和生命就是随着环境、时日与无常而转变。男女的情爱也像霓虹灯一样说变就变，唯一永远不变的情和爱，就是亲情之爱，不论距离多远，也不论子女做过多少对不起父母的事，父母还是想尽各种理由来原谅他、深爱他。

子女出门在外，做父母的念念不忘，为人子女者是否能了解呢？所以经文说："不知二老，永怀忧念"，做子女的总是无法体会父母的心念。

父母对子女不只是永怀忧念而已，往往在夜深人静时，会想着这个时候孩子不知睡了没有？被褥是否够温暖？生活是否过得快乐？父母的心时时刻刻就是挂虑孩子，在人前常压抑这股思念，等到关起房门来，才泪流不已。

人人都知道哭泣很伤眼睛，但是妈妈心常是情不自禁，有些父母想念子女，哭得眼睛都昏花了，所以说"眼暗目盲"，甚至把眼睛哭瞎，身体也积郁成病。由此可见，父母思子的殷切！

父母对子女的思念常随着年龄增长而加深，年纪愈大愈想念子女，直到生命即将结束时，即使只剩最后一口气，还是念念不忘孩子。

可曾听说，有些人都已往生了，却还睁着双眼不闭？只因为他心里还挂虑着远途的孩子尚未归来，所以睁眼盼望儿女归；甚至有人即使死了很多天，等到孩子回来时，眼睛还会流下泪水来，直到孩子在耳边说："爸爸、妈妈，我回来了！"他的眼睛才会闭合。可见父母对子女的爱是这么执著。

父母对子女的爱是无微不至的，完全是无条件地付出，天下的情有哪一种会比父母的情还深、还真呢？然而大部分子女却很难体会。

记得有位会员，二十几年前把孩子培养到上大学，在那个时代能读大学的人并不多，所以她非常高兴，逢人就炫耀，以儿子是大学生为荣。她儿子在大学毕业后到学校当老师，但心中常想："一些同学毕业后都纷纷出国，我没出国实在没面子。"

因此，他常向父母表示要出国深造，由于他的家境只是小康，靠父亲当公务员维持家计，下面还有弟妹在念书，不过孩子中只有他一个人念完大学，所以做父母的也很希望能完成他的心愿。最后妈妈只好参加很多民间互助会，全家人节衣缩食，用这些会钱送孩子出国。

做妈妈的从来没有一句怨言。刚开始的时候，她逢人就说："我儿子出国深造去了，他去留学哦！"觉得好风光。日子一年年地过去，妈妈的身体愈来愈衰弱，这个孩子却从来没有回来看过她，若有人问她："你的孩子出国留学不是很久了吗？怎么这么久都没见他回来？难道他不知道你身体不好吗？"她只回答一句："可能他太忙了。"

到后来只要提起这个孩子，她就有一分悲哀。

看她负债累累，生活担子很重，有一次我很坦白地问她："你的孩子在国外这么多年，算算学业也该完成了，如果他已毕业，你就叫他回来分担债务吧！何况你身体这么差，应该让孩子知道。"

她流着眼泪向我说："师父，我实在有苦难言，也不忍心说，不过不说心里也很苦。"

原来她儿子到美国的第二年就没读书了，因为他遇到了结婚对象，很快就论及婚嫁。这些事家人都不晓得，直到他太太要生产时才通知家里。

一个人在美国生活已经很不容易了，何况他又有一个家庭。学业未成他不敢回来，生活费又必须靠家中援助，长时间拖累下来，在台湾的父母就必须一个会接着一个会地缴纳，直到母亲的身体拖垮了，她还是不忍心让儿子知道。

做儿子的也从来没问妈妈可好。每一封信来就是诉苦，诉说他的生活艰辛、在国外打工的困难，做母亲的看了这些信，又怎么忍心不寄钱？连为了供给他在国外的生活费，致使家中负债的事都不忍心告诉他，又怎么忍心向他诉说自己的身体累病了呢？

父母对子女真是无微不至地爱护，即使子女对他们多不孝、多不关心，他们还是想尽各种理由来原谅子女、替子女辩解，舍不得从口中说一句孩子不孝的话，这就是父母心。

第六章·

作奸犯科永乖扶侍

或复闻子，不崇学业，朋逐异端，无赖粗顽，好习无益，斗打窃盗，触犯乡闾，饮酒樗蒲，奸非过失，带累兄弟，恼乱爹娘。

人生一切的成就都是时间的累积，我们一定要好好把握时间，分秒必争。

几年前有位委员，她有个儿子非常喜欢运动，但读书较不专心，做妈妈的很担心，带他到台北分会来看我。我问他念什么科系？他说："读贸易。"我跟他说："你读贸易，应该对数目字很有概念。"他回道："学赚钱啦！这是个学赚钱的行业。"

我告诉他："你知道吗，要有'经济观念'才能赚钱。"

"我既然是学国贸的，经济方面我当然知道啊！"

我说："好，但是有一种能使你绝对成功的'经济'之道，你是否知道？"他说不知道。我说："不是财物方面的经济，而是'时间经济'。时间是成就心智的丰富资源，但是如果不会好好把握时间，经济地利用，这项经济资源就会随着时间而消逝。"

我再对他说:"人生就是在分秒中累积经验,学业亦然,你想储备赚钱的常识,就必须在求学期间好好把握时间。世间的财物赚来了也会有失去的时候,但失去的还可以再赚回来,唯有时间一消逝是永远无法再追回来的。我们如果有这分'时间经济'观,在求学时好好把握住分秒的时间,利用时间的功能,那么不但学业能有所成就,将来事业也会成功而稳定。所以说事业的基础在学业,学业的资源在于分秒的把握。"

这位年轻学子听了我的话,回去之后真的改变了,充分把握住时间。他的妈妈告诉我:"他真的改变了人生观,现在非常用功,如果稍微浪费了时间,就会说'时间要经济,时间要利用'。"

人的行为系于观念,观念如果正确,人生方向就正确;观念不正确,人生的方向就会有所偏差。

有的孩子贪玩、不专心于学业、喜好结交朋友,如果交到好朋友还可以互相鼓励,偏偏所结交的尽是游荡嬉戏的损友。结果,不但荒废了学业,也走上歧途。求学就是要学礼义、知廉耻,既然不曾好好学习,当然就变得粗鲁无礼了。

"无赖粗顽"——"顽"是固执的意思,自以为是,不肯接纳别人的意见,为反对而反对,从不肯听忠言劝告。既不尊重父母长辈，更何况是亲朋师友？横逆霸道，开口动舌就是无礼恐吓，态度蛮横毫不讲理。

"好习无益"——所学的都是异端邪行，不利群众，对人生一点益处也没有。平常一个有良知的人，他追求的是良能效用，他所学的都是对人生有益的事；然而，现在的人大多只想学怎样赚大钱，却很少人想到要如何去发挥良知、良能利益社会。

人生在世最大的目标是服务人群，互相付出。如果每个人都能站在自己的岗位上，尽一己的良能来贡献社会，就是美好的人生。

现在社会有一种普遍的情形：子女要考大学时，做父母的就很担心他考不上；一旦接到联考通知单，知道分数可以录取时，又想分发到理想的科系，希望将来有较好的出路、工作较吃香。我曾请问一位母亲为什么要儿子学医，她说："以后当医师可以赚大钱啊！"

说实在的，如果单单只为名利而选读医科，这种观念就错了。做父母的心念如果能抱持"人生最苦莫若病苦"，而让子女选读医科，以便将来学成发挥救人的功能，如能秉持这种观念，就是选读了有益社会人群的学业。

得人尊重者必先自我尊重，也就是启发自我良能，把它发挥在社会最需要的地方，这种人生才是可贵的人生。如果只为赚钱而学医，那是不尊重自己，把自己变成赚钱的工具。

人生的价值应该是把自己的良能发挥在最需要的地方及最需要的人身上，这就是佛教所说的"尊重己能"。学佛如果能有佛陀的精神、菩萨的志愿，并且能专心研习社会上所需要的学识，这种人生就会时时有益人群，也就是好习有益，而不是"好习无益"了。

而无赖粗顽、好习无益的人，他们所学的都是"斗打窃盗"，只懂得和人打架、占人的便宜，怎样去抢去偷……学那些对人间没有利益的事。

"触犯乡间，饮酒樗蒲"——樗蒲就是赌博的意思。以前的人都赌骰子，赌博一定会有输赢；有输赢就会有恩怨。

除此之外，还"奸非过失，带累兄弟"——不只饮酒赌博，还沉迷女色，作奸犯科，诸如此类都会拖累自己的兄弟，因为家中出了这么一个不法之徒，他的兄弟会觉得很烦恼，他的父母也会觉得很痛心。

不只是父母兄弟，连同村的人也会觉得脸上无光，认为这是村中的不幸。像这样的人生有什么用呢？简直可以说是世间的害虫。这种人不但对社会没有用处，而且还败坏了家乡的声誉，污染了这个世间。

人难得生来世间，也难得有这份人生的功能，应该要往好的方面去学，做有益人群、福利社会的工作。

时间可以累积学业、事业，也可以累积道业，当然也会累积恶业，所有的一切都是时间成就的，一个人如果能把握时间往好的方面学习，一定会有所成就，反之则造业无量。

有些为人子女者，年纪轻轻时不把握时间，不专心学业，交友不慎，常常犯罪或惹是生非，让父母不能安心，让兄弟觉得没面子。这都是因为从小没有培养正确的观念。

晨去暮还，不问尊亲，动止寒温，晦朔朝暮，永乖扶侍，安床荐枕，并不知闻。

有些子女不只在外面惹是生非、蛮横霸道，在家中也不能克尽孝道，清晨出门直到深夜才回来。

出门并不是为了营生，也不是为了做工、做生意，而是出去喝酒、赌博或是作奸犯科。父母看到他出门就担心惊忧，怕他又会做出什么损人的事，而让父母度日如年，操心不安。

以前的人早上起来，一定要先向父母请安问好，晚上睡觉之前也一样。而有些人不只早上不请安、晚上没问好，即使父母坐在眼前，他出入也不愿意和父母打一声招呼，所以说"不问尊亲"。

"动止寒温"——不管天气是寒是暖，做子女的从不向父母嘘寒问暖，不问问看天冷了有没有添加衣服，天热了会不会不舒服，从不表达为人子女关怀父母的孝心。

"晦朔朝暮"——"晦"就是阴历的月末，"朔"就是阴历的初一。也就是说不只早上一大早出去，晚上很晚才回来，有时候更是晚上出去天亮才回来，日夜颠倒。目前有很多人就是这个样子，这些人过着日夜颠倒的日子，又哪谈得上侍奉父母呢？

"永乖扶侍"——乖就是违背。侍奉父母原是子女的本分，但是有些做子女的人在父母睡觉时出门，在父母白天工作时他睡觉，虽然同在一个屋檐下，却不管父母的生活起居。

连住在同一个屋檐下都无法侍奉父母的生活起居，更何况是"安床荐枕"呢？古时候的孝子，在冬天父母要睡觉之前，一定烧个热水袋或火笼，放在被褥中，等棉被暖和了再请父母去休息。如果家境较差的人，买不起取暖的工具，就将自己的身体钻到棉被中，用体温使被子暖和后再请父母上床。

如在夏天，父母要上床睡觉，做子女、媳妇的，一定拿把扇子扇凉赶蚊蝇，等到父母睡着了，才轻轻地把蚊帐放下。这是古人的侍亲之道。

然而，现在的子女却忽视了这些，本身生活都日夜颠倒了，又如何能对父母晨昏定省呢？所以经文说："永乖扶侍，安床荐枕，并不知闻"。

现在的社会像这种不懂得侍亲礼节的人很多，不仅子女不会侍奉父母，反而让做父母的侍候子女。怕子女房间太热，就为他装冷气，怕太冷就装暖气；盖房子时首先想到的，就是子女的书房要设在哪里较为方便。对父母公婆的起居室，则认为老人家睡眠的时间不多，房间简简单单弄一下就好。

看看现在的人，对父母长上要住的房间就简单随便，而对子女要住的房间却用尽心思，这是现在社会上见怪不怪的普遍现象。如果在古代社会，大家都认为一个人既不懂得孝思礼节，对朋友哪有仁义可言？所以人人都会轻视他，不齿与他为伍。

"孝"的表现，是人生最有价值也是最美的，且会受大家的尊重和敬爱。人生一切的罪恶都是从不孝的心态开始，对父母不孝的人，对社会朋友免不了也就有互斗相害的心。

参问起居，从此间断，父母年迈，形貌衰羸，羞耻见人，忍受欺抑。

父母的生活起居孩子全不理会，好像子女对父母已断了亲情关系，这对父母来说，是一件很羞耻的事。

以前的人把子女的孝顺、成就，当作是一件光耀门楣的事，人前人后把子女的孝行挂在口中，津津乐道。如果子女不孝，他们会觉得很羞耻，因为有句话说："养子不教，父之过"，好像子女不孝或不乖的过失都是因为父母管教不当，所以父母会羞于见人。

父母年岁既老，形态容貌当然会衰老，如再有让他伤心烦恼的事，他会老得更快，显得更憔悴不堪。做子女的如果不孝，又在地方上惹是生非，会使父母万念俱灰，不敢外出见人，所以说"羞耻见人"。

"忍受欺抑"——子女不肖，易遭受邻人亲友的指指点点，说他就是某某人的父母，他的儿子有多坏、多可恶……被人评头论足，遭人轻视，像这样父母怎敢出门呢？做父母的真是有苦难言。

为人父母者用心地养育、栽培子女，等到子女长大成人，却给自己带来很多羞耻，这是多可怜的父母啊！

我们学佛就是要报父母恩。父母的精血结合成子女的身体，又不知花了多少心血培养，才使子女有健全的身心；今天能有这样的生活完全是父母所赐啊！

父母恩是我们几生几世也报答不完的，所以佛陀向一大堆白骨恭敬跪拜顶礼，表示感恩报恩，这些枯骨是几百生、几千生以前的父母累积起来的骨头。他对几千生以前的父母还是抱着那份感恩的心来恭敬礼拜，何况我们对今生此世的父母呢？千万不要等到父母都不在了，才想尽孝道，那就抱憾终身了！

　　为人子女都要报答父母恩。除了物质的供养礼敬外，最大的报恩就是让父母能无烦恼而得解脱。所以莲池大师说："亲得离尘垢，子道方成就"，父母能够解脱，做子女的孝道才算真正成就。物质的供养，只不过是资生养命，人的生命只有几十年，供养物质也只是几十年的时间而已。学佛者应尽之孝，最主要就是要让父母慧命成长，所以我们修行要修得三恩俱报——三恩就是佛恩、父母恩和众生恩。父母生养我们的身体，我们当然要报恩；佛陀教育我们的精神慧命，我们应该向佛陀感恩；日常生活的一切，需要靠群众相互合作，当然我们也要回报众生恩。

　　我们对人群的贡献如果能让父母觉得光荣，那就是对父母最大的报恩，也是精神上的报恩。学佛要学得让父母以子女为荣，这就是报父母恩。

第七章

父孤母寡寒冻饥渴

或有父孤母寡，独守空堂，犹若客人，寄居他舍，寒冻饥渴，曾不知闻。昼夜常啼，自嗟自叹。

有些子女不是父孤就是母寡。所谓父孤指的是母亲已经过世了，而父亲没有再娶。有些是因为怕再娶进门的太太不会疼孩子，所以一个人含辛茹苦，忍受一切困难，抚养子女长大成人。

母寡也就是有些为人母亲的，年纪轻轻的丈夫就去世了，为了子女她不敢再嫁，怕后父不疼前人子，为了要全心爱孩子，她不敢把情和爱再分给另一个人，一心一意地养育子女，把所有的希望都放在孩子身上，希望孩子能快快成人，学业早日成就，更希望孩子事业有成，建立幸福美满的家庭；为了子女，再辛苦她都能忍耐，这是何其伟大的寡母啊！

这些为了子女而甘于孤单的父亲，或是为了子女而愿意历尽艰辛的母亲，他们都心甘情愿地独守空房，但是子女长大成人、成家立业之后，却往往淡忘了父母亲的恩情。

　　有些孩子从小就十分依赖父母，黏得很紧，一放学回家，就屋前屋后地找妈妈；等到年纪慢慢长大，从乡村的小学，到镇里的中学，进而到大都市念大学，刚开始时还会盼望每个星期假日的到来，好回家探望父母亲，但随着时日的消逝，认识的朋友愈来愈多之后，便慢慢延长了不回家的时间，减少回家的次数，注意、关怀的对象也慢慢地移转到朋友身上。甚至年纪再大些时，就开始追求异性的感情，而忽略了亲子之间的亲情，等到那个时候，说不定一整年他都不想回家探望父母了。

　　现代社会一般人的学识普遍提高，学校为年轻人设想得很周到，比如寒暑假举办了很多夏令营、冬令营、登山等活动，让年轻人有很多相处的机会。一个学期四个月，本来寒暑假应该回家探视双亲、承欢膝下，可是现在的年轻人有很多在外活动的机会，以致没有时间回家看望父母。所以很多人一长大对父母的亲情爱念就慢慢地淡忘；更有许多人在毕业后出国进修，一去数年，归期渺茫。

　　佛陀教导众生是以孝为先，能孝才有善，如欠缺孝而来说善，是本末倒置。如果对自己的父母——一个给你很多亲情的人，你都不知道要去爱他，你真的能去爱那些与你没有任何关系的人吗？所以说百善孝为先，真正的好人是从尽孝开始。

现在有很多学业完成、事业家庭都有成就的人，父母亲仍住在乡下，有些具有孝思的人，会把父母亲接到都市去。到了都市，儿子忙事业，媳妇忙着帮忙赚钱，孙子也上学去了，父母亲就像寄居在别人的家庭一样，整栋房屋空空荡荡的，就只剩老人家在看家。

如果是在乡下，还有隔壁邻居、大嫂小婶等友伴们可聊聊天，但在都市中，邻居互不相识，把自己关在层层的门禁里面，没有讲话的对象，成天像个哑巴一样。经文中说："独守空堂，犹若客人，寄居他舍"，指的就是这种情形。所以现在有很多老人家都不愿到都市与子女住在一起。

不久前，有一位老人家向我诉苦，她说："师父，我活到这么老有什么意思！"我说："很多人都希望长寿啊！"她说："唉！活这么老很痛苦。"我说："你那么健康，活这么老是很好的事啊！"

她忍不住掉下眼泪说："我倒希望早点儿死！"我问她为什么？她说："我早年含辛茹苦把儿子养育成人，所有的希望都寄托在他身上，现在儿子也已成家立业，生了几个孩子。在别人看来，我实在是很好命，不过说真的，我觉得我很歹命。"她接着又说："我的儿子很会赚钱，平常如果有应酬，媳妇也一定会跟去，有天媳妇又和朋友相约要出门，朋友问她：'你家中有老人家在，难道你不先帮她料理好餐点再出去吗？'媳妇回道：'不用啦！等我们吃过饭后，再在路边买个便当回来就好。'朋友说：'现在是冬天，便当买回来都冷掉了怎么吃？'媳妇说：'有得吃就已经很好了，还嫌冷？'"

老太太很心酸地说："她们以为我听不懂国语，其实我听得懂意思。回想起以前孩子还小的时候，不管他们多晚回家，我一定都会等门，只要听到围墙外传来孩子的声音，就赶快把饭菜温热，等到孩子进门来，热腾腾的饭和菜都已经摆在他们面前了，没想到我现在却落得'路边买个便当，冷了也没关系'的地步。师父，您听听看，我的心难不难过？"

我安慰她："儿子为了事业在忙，媳妇为了帮助儿子，所以就比较没时间招呼你，想想有些人的儿子长年在外头，要见面还不容易哪！哪像你每天都有人叫你妈妈、叫你奶奶，你应该要感恩知足，多多善解啊！"

类似这种情形，在目前的社会上比比皆是，年轻人实在是没时间、没心思去照顾父母，所以说："寒冻饥渴，曾不知闻"。我想这种形态，在二十年后会比现在还多。为什么呢？

因为目前很多家庭都有好几个孩子，老大不孝顺，还有老二，老二不孝顺还有老三……做父母的总算还有个人可以依靠。就像前面提的那位老人家有三个儿子，她说："还好，这个不孝顺，我还有老大那里可以去。"而现代人几乎都只生育一两个子女，如果为人父母的不以身作则地去孝顺上一代，那么就等于在教导孩子以后如何对你不孝，到那时，就真的会"老来无依"啊！

有句俗话说："草绳拖俺公，草绳拖俺爹。"——你用草绳把父亲拖到山上去，让他自生自灭，将来你的儿子也会如法炮制，用草绳把你拖到山上去。

所以说，为人父母者一定要用自己的言行、身教去引导、教育孩子，现在你对父母说什么话、表现什么态度，将来你的孩子就会回报给你同样的言语和态度。

佛教徒就是要学习佛陀的清高、慈爱，学佛陀至诚无上的悲心；一个连自己父母都不爱的人，他还会去爱谁呢？

有些人如果孩子不乖或是身体不好，就会去寺中拜佛求菩萨，他们都是求菩萨赐给孩子健康，保佑孩子有成就。其实，大家都忽略了自己家中就有两位活佛——父亲是佛，母亲就是菩萨，父母对我们说句好话，就是给我们最大的祝福。被父母、公婆赞叹的儿子媳妇，将来的发展一定也会很兴旺；如果被父母诅咒一句，那就很不好了。

总而言之，堂上的父母就是最灵感的活佛，你现在如何孝顺他们，他们就如何赞叹你，他们赞叹你，对你所说的话就是无限的祝福。

有人说现在的社会治安不好，其实每个人都该负起责任，尤其有子女的人，更该负起这份教养青少年的重责。希望大家学习佛教的精神，用佛教的教育培养孝思，并且以身作则，以这股心泉清流来洗涤社会上的乌烟瘴气，如能这样，就不会出现"寒冻饥渴，曾不知闻"的情形了。

应奉甘旨，供养尊亲。若辈妄人，了无是事，每作羞惭，畏人怪笑。

但是，如上所说，为人子女者往往无法体会父母的心念，也无法了解父母的生活环境，有些当父亲的孤单一个人，也有当母亲的守寡多年，他们很多都是为了子女而不敢再婚，孤单寂寞地过了一辈子。

等他们含辛茹苦把子女养育成人，由于年轻人交际的空间增大，各方面的友情更亲密，便逐渐疏远亲情，此时此刻父母的心情，子女又怎能体会呢？

也有人把父母从乡下接到都市，希望父母能过新生活，殊不知父母亲到了子女的家中，却好像寄居的客人一样，因为儿子、媳妇、孙子一早就出门去了，陪伴父母的只有空空荡荡的房子，一点也享受不到天伦亲情的乐趣，这种情景对父母来说，是多么深长的寂寞！

父母劳碌一生，总是希望晚年时儿孙能围绕膝下，过着清闲而不寂寞的生活，但这种梦想往往十之八九都会落空，而使他们感叹莫名。

做人子女的应该时时关心父母的饥寒，并了解父母的健康状态，抱着恳切的心来供养父母，这是做人的基本态度。

然而有些人不但不孝顺父母，反而到处为非作歹，使父母蒙羞。"若辈妄人"——是说不懂得做人道理的人，像这种惹是生非的人，只会带给父母伤害，招致羞辱耻笑，别人会笑他的父母不会教导孩子，对他的父母指指点点，使父母愧对乡里的人。

我们应该时时刻刻怀着感念父母的孝思，并且要以这份孝心去报恩，发挥自身的功能，做个对社会有贡献的人，抱着"造福人群"的孝心来回报父母恩，让父母以我们为荣，为我们欢喜。

第八章·

供养妻儿无避羞耻

或持财食，供养妻儿，忘厥疲劳，无避羞耻；妻妾约束，每事依从，尊长瞋呵，全无畏惧。

"或持财食，供养妻儿"——许多人经营事业，经商工作，为的是求三餐温饱，工作得非常辛苦，拼命地赚钱，每当人家问起："你为什么这么努力地赚钱呢？"他总是回道："为了妻子儿女啊！为了让太太和孩子三餐吃得饱、生活过得好。"而当父母需要子女奉养时，子女却疏忽了父母的生活所需。

"忘厥疲劳，无避羞耻"——他们做牛做马般地辛劳，为了给太太子女享受，再辛苦也都甘愿，再卑微也不觉羞耻。我常听有些人说，他为了多赚一些钱，常在办公室帮别人加班，像这样为家庭生计奔忙的先生也很多。

多年前，我曾见过有些太太每天打扮得珠光宝气，穿金戴银的，身上的衣饰非名牌不穿，成天与一些富家太太同进同出，今天到李家去，明天到王家，每到一家聚会时，主人就炫耀那些昂贵的进口家具；她们成群结伴到处参观别人的家，总是比较着谁家较豪华。

其中有位太太虽然也是珠光宝气，一副贵妇打扮，但每当人家提议到她家去时，她总是说再过一段时间吧！好像不太愿意让别人到她家。偶尔这些太太们聚餐时，也会提到："什么时候我们也把先生带出来一起吃饭，让他们认识认识。"那些先生们不是某某大企业公司的董事长，就是某某公司的总经理，或是某单位的……都是一些"长"字级的，轮到这位太太时，她都说先生出国去了。反正她就是不愿意别人到她家，也不愿意先生和大家见面。

原因在哪里呢？到最后别人才知道，她的先生原来是一位在矿场工作的矿工。

先生当矿工，要让太太每天能够珠光宝气地周旋在富家太太当中，他是要如何地拼老命啊？他夜以继日地帮别人代班，每天在黑暗的矿坑中工作，为的就是让太太不输给人家。每当他休息回到台北的家，听太太说："今天和某某太太一起吃饭。"心想太太能和那些富家太太平起平坐，只要太太欢喜，他就感到心满意足了。

也许有人会觉得这位先生好伟大啊！为了让太太过好日子，竟然辛苦自己拼命去赚钱。但我们不妨反过来探讨——他对父母亲是否也能如此付出呢？不！他长年将父母丢在南部的偏远乡下，一个月才给父母亲生活费两千元。

每当有人问他为什么不把父母亲接到台北来？他都说："父母亲住乡下比较习惯，反正我每个月都寄钱回去，他们够用了。"当人家问他为什么对太太这么好？他都说："那是应该的啊！我已经对她很内疚了，只要能让她高兴，我就心满意足了。"他的内心就是觉得亏欠妻子太多。

这位先生对妻子的心思，如果能拿来用在父母的身上，那真是现代二十四孝中的一孝。可惜一般人对待父母，总是没有那分愧疚的心思。

就像前面所说的，有些人的丈夫或是太太早逝，但他们为了子女的幸福不敢再婚，所以当他们年老时，孤孤单单地一个人过着寂寞的生活，当子女的是否能体谅父母为谁而孤单的这份心？大家扪心自问：自己有没有尽到为人子女的责任，有没有做到不怍天地、不愧父母呢？可叹多数人都因无法让妻儿享受更好的生活而感愧疚，却少有愧对父母的心绪，真是本末倒置啊！

过去的人尊敬师长，真是毕恭毕敬，有长幼尊卑的次序，这是社会人文的伦理，这些美德目前都已渐渐衰微。随着思想的开放，做子女的到了二十岁，就认为自己已经长大成人，父母亲没有权利管他，更何况等到事业有成，娶妻生子之后，再也没有人管得了他，也没有任何人的话，他听得进去。

孝顺父母、尊敬长上，是做人最基本的礼节，所以学佛必须从学习守礼节开始。百善孝为先，希望大家都能孝养双亲，做个孝顺父母的人。

有些人成家立业之后，虽然有钱势、名望与地位，但只会一心顾念妻儿，宁愿为他们付出，即使辛苦，仍然很欢喜。他跟妻儿的约定、承诺很少忘掉，事事顺着他们、忍让他们；但是对于父母亲所交代的话却很快就忘掉，甚至犯了错误，父母亲说他两句，他都不耐烦。所以有很多老年人都会说："我的话他都听不进去，干脆交给他太太去管好了，反正他只听太太的话。"此即经文所说："妻妾约束，每事依从；尊长瞋呵，全无畏惧。"

第九章·

 婚嫁已讫不孝遂增

或复是女，适配他人，未嫁之时，咸皆孝顺；婚嫁已讫，不孝遂增。

或者有些女儿，未出嫁前都很孝顺，嫁出去以后，却愈来愈不孝。

对一位母亲来说，不管是生男生女，在怀孕过程中所受的苦是完全一样的。即使现代的医学科技发达，思想进步，仍不能完全避免重男轻女的观念，面对公婆丈夫想要得到一个男丁传续香火的期待，那种压力是可想而知的；一旦怀孕确定怀的是女儿时，失望归失望，做母亲的仍是付出同样的谨慎、耐心与爱心。

普天之下的父母，绝大多数是不会放弃子女的，既然是自己的亲生骨肉，一旦出世，不管是美是丑，是健康或孱弱，做父母的都会用心地将他带大，好好地照顾他，这是普天之下的父母心。

"或复是女，适配他人，未嫁之时，咸皆孝顺"——大多数父母对子女，不管是男是女，都是以同等的心思来照顾，但是子女对父母呢？男孩子比较阳刚气、较独立，年纪稍大一些就会和父母有点隔阂；而女孩子天生就是娇柔的形态，也比较乖巧，做事时较细腻，由于女生内向，因此和父母亲相处的时间比较多，能够体会父母的爱，做父母的也会觉得女儿较贴心。

有些男孩子到了适婚的年龄，父母亲便让他自己去找对象，只要他中意的就好。但女儿就不一样，做父母的都会很仔细地挑选对象，因为媳妇娶进门，要疼要教，自己可以做主，但女儿是嫁出去，在家凡事疼她依她，一旦不在身边，要顾前看后也就难了，因为怕她嫁到夫家会受苦，当然就要替她好好选择结婚的对象。因此父母对女儿从生活起居，到终身伴侣的选择，都会比较用心去照顾关心。

女儿也知道父母对她的这份关心，所以未嫁之前都很依赖父母。但这种情形一等到出嫁之后，往往就不一样了。

"婚嫁已讫，不孝遂增"——等到出嫁之后，不孝的情形就慢慢增加了。以前的人就常有"嫁出去的女儿，泼出去的水"的说法。

以前的女人讲求三从四德，既然嫁到夫家，就必须孝敬公婆，顺从丈夫，甚至等到儿子长大了，还必须顺从儿子。

为人女儿的，小时候很贴心，时时依赖在父母身边，等到年纪大了嫁人之后，为了遵守三从四德，尽管在家时父母多疼爱她，出嫁之后还是以夫家为重，孝顺公婆，辅助先生，全心教育子女。一旦夫家与娘家之间有了纠纷或冲突，她到底要帮哪边呢？

举个例子说，娘家与夫家如果有生意或金钱上的往来，一旦有了纠纷，对簿公堂时，女儿处在娘家与夫家之间，到底要护卫何方呢？大致说来，替夫家讲话的情况比比皆是。

即使在目前的社会，类似这种情形也到处可见。尽管与娘家父母有股难分难舍的感情，但既然已嫁为人妇，就不能不顾先生、夫家，因此孝顺的女儿就成了石磨心一样，难以两全；然而也有一些女儿，不念父母恩，不论父母在她未出嫁时是如何疼她，一旦出嫁了，就不再感念父母养育之恩。甚至有为人女婿的想要表达对岳父母的孝思，竟被太太以不偏袒娘家为由而拒绝，反对夫家照顾她的娘家，这种情形也是存在的。

有一次一位结婚没几年就离婚的年轻妇女来看我，从她的表情就可体会出她心中的痛苦，她自己也承认："每天都以泪洗面。"虽然她人回到娘家，心却仍系挂在夫家，因为还有幼小的子女。

我对她说："既然离婚这么痛苦，又何必当初呢？既然已经离婚了，何必再这么痛苦？"她答："没办法呀！我的心每天都牵挂着先生和孩子，甚至最近听说婆婆生病了，我也很想回去照顾她。"

我说:"有这份心很难得啊!你何不快回去照顾她呢?"她回道:"他们全家人到目前为止都还在咒骂我,我如果回去他们非但不接纳,反而会更生气。"她和夫家之间的感情已演变得如此恶劣不堪,然而她的心却仍留在夫家,无法得到心灵的解脱。

话说回来,她的父母看到她这么痛苦,婚姻不美满,一定也会为她烦恼操心。天下父母心!无论子女是否犯错,仍然永远庇护着他(她),所以,在她不见容于夫家的情形下,父母还是把她接回家中同住。

父母亲对子女的未来,都充满了期待,甚至为他们规划好方向。女儿未出嫁时,就用心地为她选择对象,希望女儿幸福;对儿子也一样,一切的努力、辛劳,就是想多置一些家产留给儿子。甚至有些人在子女刚出生时,就已经计划好将来儿女的教育,为他们存了一笔教育基金。

曾有位年轻的太太,哀痛地流着泪向我说:"师父,我有一个儿子才七岁,他突然去世了,刚做完百日不久。"她说,孩子的身体向来不太好,也检查不出什么病,有一天突然昏倒,送到某大医院急救,却已回天乏术,经过病理检验,发现孩子的病例十分罕见,是台湾第一个罹患这种病的人。"由于我希望孩子将来能学医,所以很久以前就为他存了一笔教育基金。如今孩子再也当不了医生了，现在我要把这笔钱捐给师父盖医学院。"

我问她："为什么孩子还这么小，你就存着让他学医的念头呢？"她答："他从小多病，我很早就体会到为人父母者要照顾多病的孩子是多么辛苦，因此我期待他长大之后当医生，不但可以照顾自己，也可以发挥医疗的功能，去照顾那些被病苦缠身的人。"

总而言之，这个孩子从小多病，整整七年的时间，做母亲的朝夕呵护，丝毫不敢掉以轻心，结果孩子还是走了！可以想象，这位妈妈的心是多么哀伤痛苦。

那天，她交给我一张支票作为建设医学院的基金，金额极大，可见她是下了一番决心要以这个方式来纪念她的孩子。我问她怎么会知道慈济？为什么想到这样做呢？

她说："是女儿接引我的。"原来她有三个女儿，去世的儿子是老幺，也是唯一的儿子；她的大女儿已经念高中，最小的女儿也已经上初中。女儿们看到妈妈每天以泪洗面、痛不欲生，因此拿了《静思语》和《净因三要》两本书给她，她们向妈妈说："妈妈不要再哭了，请看看这两本书吧！"

当她读完了这两本书，书中的一些观念唤醒了她——自己应该化小爱为大爱，化悲愤为力量，用妈妈的心去爱普天下的众生，"幼吾幼以及人之幼"，把要栽培儿子的钱，拿去栽培普天下的人子，自己的儿子虽然形体消逝了，却可扩展大爱让他遗泽人间，精神长存！

目前的社会，家家都有本难念的经，我们一方面要确立为人子女的孝道，一方面也要培养为人父母者应有的智慧，努力发挥大爱给普天下的众生，才不枉费来人间为人子女或父母的一番因缘。

佛陀教导天下为人子女者应报父母恩，也要报天下众生恩及师长恩，并且对一切存有感恩心；然而最根本的，是从父母开始。

父母亲生养孩子非常辛苦且不计代价地付出，上面的经文是针对女儿来说，有些女儿长大了，一旦嫁出去就忘了父母的恩情。所以经文说："婚嫁已讫，不孝遂增"，孝心如果减少，不孝的心就增加。当然相夫教子是本分事，但也不能忘掉父母对她的亲情。

父母微瞋，即生怨恨。夫婿打骂，忍受甘心，异姓他宗，情深眷重，自家骨肉，却以为疏。

"父母微瞋，即生怨恨"——有些女儿出嫁之前，父母骂她，甚或打她，她都能体会父母是爱她才会如此，因此心存感恩；但是等到婚后，犯错时父母说她几句，她刚开始还能接受，但一次两次之后就开始产生反感，认为："我已经嫁人了，你管我那么多。"不但父母的教诲她不接受，还当面反目，甚至还会怀恨在心，不回娘家。

"夫婿打骂，忍受甘心"——对于父母的微言呵责不能接受，然而，不管先生怎么打她骂她，她却都甘心忍受。

古代的女性，在夫家被丈夫打骂，被公婆虐待，甚至把她赶出家门、将包袱丢出门外，她还是忍气吞声地把包袱捡起来，从后门再进去；这是以前女人嫁夫随夫的贞节观念，也是一种美德，无论如何她都不敢回娘家去，为的是怕父母操心，也顾及娘家的颜面——以前的妇女如果得不到公婆、丈夫的欢心，别人都会讥笑女方家，为了顾及娘家的面子，她死也不敢回去见父母。

此即感叹一些女孩子嫁出去冠了夫姓，对夫家显得情深意重，一切以夫家为重，反过来，与自己娘家的人却愈来愈疏离。这是不对的，女儿虽然已经嫁出去，但父母的恩德仍要常常记住，父母的关心，更应该时时警惕，错了要赶快改，如果没有错，也要和颜悦色接受父母的教诲，千万不要因父母亲说了两三句，就生气怀恨。

有位年轻的太太曾告诉我，她刚结婚时，先生对她很好，把工厂和财务都交给她管。由于先生爱她、对她好，所以无形中就疏远了娘家，有好长一段时间，从不与娘家来往。

她一直以家中的权威者自居，先生在外面应酬晚点回来，她就兴师问罪，要先生把在外的时间和相处的对象一五一十交代清楚，有时她也会照先生所说的时间地点去查证，结果证明先生所言不虚，因此非常信任先生。

没想到这些状况都是她先生一手安排的，原来他早就在外面金屋藏娇。后来她知道这件事后，信心完全崩溃，不管先生说什么，她一概不相信，积压久了，变成一种心理病态，一天到晚与先生吵闹，闹到连子女都看不过去。

后来她来找我，我分析给她听。事情既已如此，而她又看不开这段情，因此我告诉她要扩大爱的空间，培养对众生的清净大爱，甚至爱他所爱的人，如能这样，就可以皆大欢喜。

刚开始时她还能接受我的建议，两三个月后她又来了。她告诉我说："师父，你叫我要去爱他所爱的人，我实在无法接受他所爱的那个人啊！"我告诉她："那你就把爱一个人的心，换成爱四个人吧！"因为她有四个孩子。

我说："你刚结婚时只爱先生一个人，而他也爱你；现在既然生了四个孩子，你爱孩子，四个孩子也会爱你，把对一个人的爱，换成四个人来爱你，用一换四，你也不吃亏啊！"

她听了觉得满有道理的，因此高高兴兴地回家。没想到过了一段时间，她又来找我说："师父，虽然孩子也是我的最爱，但我只要想到先生过去那么爱我，现在竟然这么无情，就很伤心。"她说："以前公司都是我在指挥，钱财由我支出，支票也由我开。可是现在这些管理财物的权，他都收回去了，连房子也过户到他名下，现在的我真是一无所有。"

像这位妇女，如果想回娘家也不可能了，因为她在得意时把娘家给忘了，现在失意落魄又怎敢回去呢？

这是因为自种不念亲恩的"因"，所以她的亲缘断了，这就是"果"，此外还与先生结下了仇恨的心态。

女儿从结婚后，就认定夫家才是她的亲人，忘却了娘家的恩情，这就是"异姓他宗，情深眷重，自家骨肉，却以为疏"。

当然嫁夫就要随夫，公婆也是孝顺的对象。女儿出嫁，是她多了一对父母，公婆多了一个女儿；儿子结婚了，也是他多了一对父母，岳父母多了一个儿子。如果在结婚时夫妻双方就有这种想法，不论对父母、公婆，或是岳父母都一样孝顺，做到人圆、事圆、理圆，如此才是最美好的人生。

或随夫婿，外郡他乡，离别爹娘，无心恋慕，断绝消息，音信不通，遂使爹娘，悬肠挂肚，刻不能安，宛若倒悬。

从这段文中可以深深体会为人父母的心。女儿幼时受到父母万般呵护，等到长大后不得不出嫁离家。有些人结婚后，专心在夫家孝顺公婆，相夫教子，对娘家的父母渐渐疏远；可是大部分做父母的人，并不会因女儿已经出嫁就淡忘、忽略，反而是牵肠挂肚，担心她生活是否顺遂。父母关爱子女的心就像是长流水一样，绵绵不绝。

女儿结婚后就夫唱妇随，即使是离乡背井也得跟随夫婿同行。人走远了心也离开了，不但无法时常回来探望父母，甚至也没有一点恋慕之情，连音信都断绝了！

"父母在，不远游，游必有方"，这是孔子教导学生身为人子应有的观念，父母在世的时候不到远方去，如果一定要去，也必须让父母知道去处及什么时候回来，以免父母牵肠挂肚。

做子女的人出门在外，应该常常和家里联络，尤其现在的电信科技发达，无论是天涯海角，只要一通电话，就可以听到父母的声音，做父母的在电话另一边，也可以知道子女平安，这是举手之劳的事。所以现在的人如要尽孝，实在是比过去的人容易多了。

随着女儿的出嫁远去，甚至音讯全无，让父母时常为她牵挂，顷刻难安，一颗心好比悬挂在半空中一样，不得自在，苦不堪言。

有位母亲，生了七个儿子，每个儿子都想要孝顺她，其中小儿子的孝心特别强烈，他和母亲同住，六位兄长尽管很想把母亲接去奉养，但他却不愿母亲离去。他给母亲最好的物质享受，华屋美食，仆役如云，一切需要应有尽有；但做母亲的，却每天愁容满面，儿子想尽一切方法要让母亲欢喜，但母亲仍是心事重重。

经过了好长一段时间，当兄长的非常埋怨弟弟霸占了母亲，当弟弟的却无法体会兄长的心意和慈母的心境。母亲年老了，身体愈来愈衰弱，有一天，她流着眼泪问小儿子："你是不是真的孝顺？我所要的东西，你是不是都可以满足我？"他回答："二十多年来，我只差没有把心挖出来给你看，如果你要，我现在可以把它挖出来。"

母亲握着他的手说："我知道你很有心，也很孝顺，但你的孝顺让我有一股好重的压力，我非常希望七个儿子都有均等的机会孝顺我。但你只想到要孝顺我，却因此造成对兄长的不友爱，也不知道这二十多年来，我的心像关在牢狱中。我的时日已经不多了，你如果真的孝顺我，就让我自由地到你哥哥们的家，让他们也尽点孝道。"

这个自以为孝顺的儿子，听了母亲的话，终于恍然大悟，赶快带着母亲到大哥家，也邀请其他几位兄长一起相聚，真诚地发露忏悔。他以忏悔惭愧的心，当着母亲的面，向兄长致歉，从此兄弟又恢复了友爱，母亲也绽开了欢喜的笑容。

这个故事告诉我们，要孝顺父母，一定要让父母欢喜、轻安。故事中这个自认为孝子的人，因为忽视了母亲的心境，而带给母亲莫大的痛苦。

为人子女者所作所为能让父母安心、欢喜，才是真正的孝顺，如果在外所做的一切都让父母操心，即使天天供应山珍海味，让他们享有丰富的物质，也谈不上孝顺。

每思见面，如渴思浆，慈念后人，无有休息。

"慈念后人"中所说的"后人"，也就是子女晚辈。做父母的常常思念孩子，很希望能与他们见面，那种迫切，就如一个口干至极的人，渴望能得到饮水一样。父母思念子女的那种心情，永远也没有停息的时候。

小时候我住在清水，当地的民风非常纯朴，做父母的爱子女，不论子女有多大、自己有多老，一旦孩子有了病痛或不舒服，一定会说："我的心肝宝贝啊！"这种景象正是亲情最纯朴的表露。

有哪个父母不把子女当成心肝宝贝呢？不只是小时候，即使孩子长大了、老了，这份爱心仍是一样啊！做父母的永远都把子女当成心肝宝贝。

心肝宝贝一旦离乡背井，做父母的一颗心也随着子女漂泊游荡。所以为人子女者出门在外，应尽量写封信或打个电话，让父母知道他在哪里、做些什么事，如此才能让父母亲心安，而不致让他们的心随着子女漂泊在外而无法安定。

父母心是大慈悲心，如果人人都能把疼爱子女的心，扩大去疼爱普天下的人子，相信这个世界人人都是菩萨。可惜的是，天下的父母所疼所爱的，也不过是自己那几个孩子，除了自己孩子外，其他的人就好像和他没什么关系，这种疼爱的范围，确实是太狭小了！

佛陀不断教导我们要扩大爱心，父母爱子女的心和菩萨爱众生的心并无不同。佛陀教导弟子们孝养父母，他希望所有为人子女者，敬重父母即如同敬重菩萨。

第十章·

不孝之愆卒难陈报

父母恩德，无量无边，不孝之愆，卒难陈报。

前面曾说过父母对子女的十种恩德，其实不只这十种，父母对子女的恩德无量无边，无法用言语形容。既然父母的恩德如此宏大，我们如果不能知恩报恩，不孝之罪实在很大，而所受的果报，也是无可言喻。

世间一切恶也是源自不孝——父母给他那么大的恩德，他都不知恭敬、孝顺，更遑论对朋友及其他不认识的人了！

古时候有位母亲生了十个儿子，儿子长大后一一成家立业，以当时的社会背景来说，她的儿子都很有成就。可怜的是他们的母亲竟流落街头，没有一个儿子愿意奉养她，她只好每天在别人的屋檐下栖身，又饿又病，瘦得像柴枝一样。每当她到人家家里乞讨时，别人打开门看到是她，都会再把门关上，为什么呢？因为大家都知道她有十个儿子，不但有钱又有势，如今儿子不养她，大家把一切的过错都归咎于她教育失当。

有一天她的体力终于无法支持，昏倒在一户人家的屋檐下，她的儿子正好坐轿经过，随从一路上喊话要路人回避让路，她儿子坐在轿内看到昏倒在地的是自己的母亲，竟然把轿帘放下，要抬轿的人加速走过。

当场有一些人看到这个情形都觉得很愤慨，因此众人把轿子围住，将她儿子拖下轿，甚至也有很多人冲到他家，把家中的东西砸坏。

这个在社会上有钱有势的儿子，一刹那间被众人围殴，另外九个儿子听到消息后都赶来帮他解围，结果整座村庄的百姓全都围聚过来，把这十个儿子送到官衙去。

清官开始审判他们的家务事，不过十个儿子都各有理由，他们说："母亲又不是只生我一个人，其他的九个也都有责任！既然他们不负责任，我为什么要负起十个儿子所应负的责任呢？"

后来县官认为这十个人见母亲已经奄奄一息竟仍未有丝毫忏悔之心，就判决把十个人的财产完全充公……

我看过一则新闻，有位年轻人很喜欢喝酒、赌博、打电动玩具，每次回家就是向父亲要钱，如不给他钱，就打父亲。有天他喝醉酒打电话回家，要他父亲准备五千元。而他父亲是个泥水匠，临时要去哪里筹五千元呢？

父亲在电话中骂了他几句，他竟然丢下一句话说："你如果有种，就在家里等我。"父亲听了这句话非常生气，心想这个儿子从小到大没做过一件好事，现在竟然又骂他，就真的在家中等他。儿子一进门，父亲就一巴掌打过去，做儿子的遭了这一巴掌，便拿起棍子，把父亲打得头破血流，手臂也断了。

当父子在争吵时，左邻右舍的人都只站在外面看，没有人肯出面协调。后来做父亲的自己去报警，警察问口供时，儿子说："我喝醉了，有没有打父亲已经忘记了。"加上做母亲的一再向警察求情，因此警察也只能口头警告他就草草了事。

想想看，儿子打父亲的时候，邻居都袖手旁观，警察也无可奈何，这种社会形态和过去相比较，实在是差太多了！

不孝的人能为社会做多少事？"百善孝为先，万恶皆由不孝起"，因此佛陀说"不孝之愆，卒难陈报"，不孝的罪实在是无法用言语形容。

我们学佛应该要持续善念，回归本性，千万不要受社会不良风气影响，泯没了一念善心和良知，应该好好保护自己清净的本性，预防造业，以免增添父母的担心和烦恼。

父母恩确实重于泰山，他们对子女的爱是无微不至的，所以经文常说："父母恩德，无量无边。"但是世上又有几个人能真正体念父母恩呢？所以佛陀说末法恶世，不孝之人如大地微尘之多，而孝顺的人却如同指甲中的沙那么少。不孝的人，他们的罪过，是无法一一述说的。

　　一切的恶，皆从不知父母恩和不孝的心态而起。有爱才会有善念，欠缺善念就没有爱，没有爱，即是从不孝的心态开始，这是相互循环的，所以说万善之门由孝开始。

尔时，大众闻佛所说父母重恩，举身投地，捶胸自扑，身毛孔中，悉皆流血，闷绝躄地，良久乃苏。

　　佛陀说从胎儿在母亲子宫中的第一周，像一粒露珠般开始，直到怀孕三十八周足月生产时，这段过程是多么辛苦啊！佛陀的智慧不亚于现代的医学专家，他逐一解释，在座听法的人，都听得很感动。尤其讲述胎儿脱离母体时，母亲的椎心之痛，和父亲紧张不安、急如热锅上的蚂蚁，更令人泫然欲泣。等到孩子生下来，从幼年、青少年到学业完成，做父母的接着又要关心他们的事业、婚姻。由此可知，父母对子女的慈爱由始至终是多么深长，他们的付出是何等的无边无量！

　　众人听完佛陀描述父母对子女无微不至的爱后，非常感动，不但全身扑倒在地，而且捶胸顿足——这是表示他们感念父母恩，进而全身的血液都沸腾起来，因此毛细孔中都充满了血——这是形容很激动的生理现象。有些人激动到极点竟然"闷绝躄地，良久乃苏"——昏倒在地，等到一段时间后才慢慢苏醒。

高声唱言："苦哉！苦哉！痛哉！痛哉！我等今者深是罪人，从来未觉，冥若夜游，今悟知非，心胆俱碎。惟愿世尊哀愍救援，云何报得父母深恩？"

他们回苏后激动到极点，把内心的苦闷化作声音表达出来："佛陀啊！我的心好苦、好痛！"有道是"子欲养而亲不待"，这是万般后悔、懊恼的心声。

学佛最重要的是必须"及时去行"。过去未闻法时，不知恩、不报恩；如今已听闻佛法，应该要及时知恩报恩，学佛就是要知过必改，及时行动。

"我等今者，深是罪人，从来未觉，冥若夜游"——当佛陀分析到父母恩深，而子女不孝之愆无量时，在场的人都觉得自己罪孽深重，因此有人代表大众说："我们都是不孝父母、造业很深、智识昏钝、思想麻木、不知不觉的罪人，从来都没有察觉父母对我们的爱，生在人间好像是一个夜游人一样。"

"今悟知非，心胆俱碎"——现在听到佛陀仔细地分析，才知道觉悟，了解过去对待父母的行为是错误的，所以让人心胆俱碎。"心胆俱碎"这句话是表示内心痛苦、懊恼至极。人如果悲哀至极，就会觉得肝肠寸断，痛苦不堪。

"惟愿世尊哀愍救援，云何报得父母深恩？"——既然过去的错误都已过去了，现在该如何弥补才能报答父母恩呢？

这段经文一方面是描述闻法者聆听佛陀开示之后，内心的后悔和痛苦，以及请佛陀发微妙法音，解说如何才能尽孝，这是为当时的人请求教法；另一方面是为未来的众生预留法义。未来的众生到了末法时代，道德沦丧，对伦理报恩的观念愈来愈淡薄，所以请求佛陀讲说如何报父母恩的教法，使之能流传到后代，让未来的众生能知恩、报恩。

《父母恩重难报经》是对人子一份很深的警惕，也是一种最透彻的教育。百善孝为先，我们一定要提倡孝道，以孝作为入菩萨道的开端。

人在世间，要知道父母生养的恩德深如大海、重如泰山，更何况"万善孝门入"，我们如果知道父母恩，才会报恩；有了报恩心才会尽孝，有孝心自然就会有爱心，有爱心则有善念，心存善念即是善人，善人所做的一切当然就是好事，好事累积起来，即能成就人生的福业。所以，我们如果想要得福，就必须先发挥爱的功能，而要发挥爱的功能，就从知恩、报恩开始。

世间最大的恩德莫过于父母的生养之恩，人生最美的道德形态就是孝道。前面说过佛陀讲完父母的伟大和恩德时，弟子们都很感动，也深深后悔未闻佛法之前，不懂得如何孝顺父母，等到听完佛陀的话，才觉得非常后悔。

中国人有句话说："子欲养而亲不待。"有很多人父母健在时不懂得孝顺，等到知道要孝顺时，父母已不在世了，所以内心感到非常痛苦，因此经文说："苦哉！痛哉！"

第一章

如来梵音演深恩

尔时，如来即以八种深重梵音，告诸大众："汝等当知，我今为汝，分别解说。"

佛陀看到弟子们既感动又忏悔，懂得改过自新，就很慈悲地以八种深重的梵音，向大众分析应如何报答父母恩。

佛陀具足八音，他的音声甚是清净柔和，站在远方的人也听得到，这叫做"不远音"；而距离佛陀很近的人，听到佛陀的声音也不会觉得很大声。总而言之，佛陀的声音不分远近，听起来都是轻声柔语而清晰，这是佛陀的清净梵音。

梵音的意思就是没有不悦耳的声音，顺畅而清晰，每句话都能深入人心，所以佛陀的音声被称作深重梵音。一般人说话都是随便讲讲，多一句无所谓，少一句也没关系，但是佛陀的话却是句句妙语，不多不少。

佛陀讲经时，绝对不随便讲，听的人更不能随便听，一定要认真谛听，此即是句句妙法，也称为清远梵音，意思就是说句句都能启发大众内心深处的菩提善种。

佛陀的清净音就是要闻法者用心听，佛陀向大众说：

"你们要注意听！现在我要为你们解说。"

假使有人，左肩担父，右肩担母，研皮至骨，穿骨至髓，绕须弥山，经百千劫，血流没踝，犹不能报父母深恩。

我们用什么心态来报答父母恩呢？佛陀说，父母年老了，行动不方便，若要远行，做子女的为了尽孝道，用扁担挑着米箩，让父母分坐在左右两边，担着父母走路。即使肩膀的皮磨破了，深可见骨，也不以为苦，甚至皮破见骨之后，又磨损到骨髓，为人子女的还是要担当得起，哪怕再远的路、再高的山，身为人子的还是要继续前进。

须弥山就是当今的喜马拉雅山，这座山是世界最高的山，一个人爬这座山已经很辛苦了，何况还必须两肩挑着父母，当然更辛苦。而他不只爬山，还用很长的时间绕山——"经百千劫"意指难以计数的长时间。他挑着父母长时间地走路、爬山、绕山，挑到肩膀的皮破了，骨裂了，血从肩膀流到脚踝；即使是这样的付出，还是无法报父母的深恩。

常听为人媳妇的抱怨说："不论我怎么做，我的婆婆还是不高兴。"我也曾听为人子的说："不论我如何对待父母，他们还是不满足。"我都回答一句话："你们在父母的养育下长大，你有能力奉养父母的时候已经几岁了？相较起来，到底是父母疼你的时间长，还是你奉养父母的时间多呢？"孝顺父母不应该有计算时间的心理，供养父母不应该有衡量物质的心态。必须明白，父母养育子女的时候，他们从来没计较过；他们尽心尽力，把一切的时日、心力和物质都给了子女，做子女的如果能有如父母一样的心思回馈父母，那才称得上孝顺。

要报父母恩，一定要有一份长久心，从自己有能力奉养父母开始，一直到父母临终的最后一日，甚至父母不在了，还要慎终追远，这样才是真孝。这段经文是佛陀所作的比喻，即使是双肩担着父母，研磨到皮开肉绽，甚至穿透骨髓，还是不敢放下，意思也就是教导为人子女者应尽孝养之责，不管多恶劣、多辛苦的环境，为了尽孝道，还是要忍耐下去。即使已经做到这样，这份心还不及父母所付出的慈爱啊！由此可知，父母对我们的恩德很大，要回报父母恩一定要用长时间，尽为人子的力量去孝养父母，让父母安心、欢喜。

佛陀一再启示弟子，做人如果不知父母恩，要想在社会上成就任何事，实在是太困难了！常常看到很多人双手牵着子女，满怀愉悦的样子，相较之下，子媳儿女双手牵着父母或公婆的情景就少见了。

愿天下为人子媳者快伸出双手，时时扶持自己的父母、公婆，让他们欢喜，给他们快乐，这才是最大的孝敬，有孝才有爱，有爱才能造福人群，能造福人群才是真正的智慧者，如此就是福慧双修的人间菩萨！

假使有人，遭饥馑劫，为于爹娘，尽其己身，脔割碎坏，犹如微尘，经百千劫，犹不能报父母深恩。

从电视画面上，我们常可看到有些国家人民受到饥荒的威胁，目前物质丰裕的时代，我们看到的饥民就已经这么多，何况几千年前佛陀那个时代呢？

"饥馑"就是缺乏粮食，"百千劫"是形容时间的长久。意思就是说，经过长时间的饥贫，没有东西可以吃。一个孝顺的人自己饿了可以忍耐，但父母亲年老了，如何忍心看他们受饥饿之苦？为了让父母维持生命和体力，必须要有粮食，但遇到饥荒，又要去哪里找食物呢？为了让父母活下去，他愿意把自己身上的肉一块一块地割下来，当作父母充饥的食物。

"脔割碎坏"的"脔割"也就是挖下一团团的肉，为了维持父母亲的生命，因此把身上的肉一块块地割下来，直到身体被割得支离破碎。但经文中说，即使是长久如此，还是无法报答父母的深广恩德。

这些孝行听起来令人觉得是无稽之谈而难以置信，其实真正有这么回事！几年前，报纸上曾报导过南投县的某座山上，有位媳妇照顾生病的婆婆，她们住的是草寮，离市区遥远，婆婆一直想要吃肉，由于山上离市区很远，交通不方便，临时要到哪里去找肉吃呢？因此她割下手臂的一块肉煮给婆婆吃，婆婆吃了这块肉，还问媳妇是不是只买猪皮而已，怎么都是皮没有肉呢？

后来看到媳妇的手还在流血，才知道原来媳妇是割手臂肉给她吃，消息也因此传开。这是发生在现代的事，所以说割身上的肉给父母充饥是确有其事！

《佛本生经》中有篇故事是这样的——

一位国王为躲避敌人的侵袭，准备了粮食，带着王后和一个七岁的王子投奔邻国，原本计算好七天的路程，所以他们只携带七天的粮食。没想到上路后方向走偏了，结果七天后粮食吃完，目的地仍遥不可及，眼前是一片无尽的沙漠，三个人饿得头昏眼花。国王心想：三个人当中一定要牺牲一个，才能让另外二人维持生命，到达目的地。他决心牺牲王后，以她的血肉来维持父子俩的生命。

这个念头被七岁的孩子知道了，他向父亲说："要复国一定是有希望的，但必须维持父王的体力和使命，假如杀死了母后，也只能维持父子俩的生命，孩儿我年纪轻，生命力旺盛，倒不如割我的肉，把它分成三份，父王和母后各一份、我一份，如此一定可以维持几天的生命，越过沙漠到达目的地。"

　　国王想想觉得有道理，为了要复国，不管是杀了夫人或儿子，同样都是一条命，既然儿子有那份意志和毅力，只要能维持几天的生命，到达友邦借兵，除了复国不难，儿子也可能继续生存，于是就照他的意思去做。又整整过了七天，要投奔的国家已然在望，儿子向他说："父王、母后，目的地已经在望，我身上的皮和肉已割尽了，筋骨也将要脱离，你们不要顾虑我，赶快向前去吧！请你们把握时间，赶快去吧！"说完这些话，人就扑倒在地，因为一路上支持他的，是毅力和孝心啊！

　　这是佛陀过去无量生中的孝行之一，为了行菩萨道，必须先尽孝。王子的孝行是割皮挖肉供养父母，然而，经文中说，即使我们历尽了身心的劳苦来孝顺父母，甚至割自己身上的肉、流尽身上的血来供养父母，还是无法报尽父母恩，可见父母对子女的宏恩如天高海深。

假使有人，为于爹娘，手持利刀，剜其眼睛，献于如来，经百千劫，犹不能报父母深恩。

　　眼睛是最敏感的，稍微跑进尘沙就很痛苦难过，如果受到一些伤害，那真是痛彻心肺。《法华经》中说，眼睛有一百八十种功德，因为眼睛可以分别人生的形形色色、高高低低，一切的外相大都是由眼睛所接触，假如欠缺了眼睛，我们的人生将不知如何度过。

有句话说："眼睛是灵魂之窗。"灵就是灵感，很灵活的感触；魂就是我们的性识。眼睛既是灵魂之窗，欠缺了眼睛等于失去了灵魂之窗，由此可知它对人生的重要性！

曾有一位阿婆，带着一个九岁的女孩子到慈济医院求诊——这个个案发生在高雄，经由会员的传达，慈济委员亲自去了解关心。原来小女孩的家境非常凄惨，母亲离家出走，父亲也不知去向，留下她与年老的祖母，家计重担完全落在女孩子的姑姑身上。半年前，小女孩在学校和同学玩耍的时候，不小心被同学打到眼睛，当时只是轻微地流泪，隔天眼睛红红的，从此泪水一直流个不停。

等到眼睛又红、又肿、又流泪时，邻居要她的祖母带她去看医生，看遍了大小医院，也吃遍各种草药，甚至问神卜卦，可是小女孩的眼睛却愈来愈肿。委员了解后，马上安排她到慈济医院就诊。当我在医院看到她时，不由得一阵心疼：一个九岁的孩子，却受到这么大的折磨，将来她又会过着什么样的日子呢？医师当然会尽全力医治她，但即使命保住了，她的眼睛也可能……

以前也有过一位七八岁的小女孩，被送到慈济医院时，她的眼球已肿得十分厉害，甚至连半边的脸颊和牙床也都是浮肿的。她的嘴无法咬合，舌头也都肿起来，口水直流，虽然能够发出声音，却无法听懂她在说什么，听说她罹患的是牙龈癌。在小女孩一两年的治疗过程中，可说是耗尽家产，父母亲无心工作，整天不离左右地照顾她。这个女孩子曾向父母亲说："爸爸为了治疗我，花了很多钱，妈妈为了照顾我也很辛苦，我病得好痛苦，我不想治疗，也不想再活下去了！"

相信为人父母者，听了孩子的这段话，一定能体会她父母亲心中的痛楚。这个孩子家住屏东县，父母亲却带着她从南部一路求医问诊到北部。有一位委员得知消息，带他们夫妻俩和女孩来花莲看我，当时那个女孩子说，如果她能好起来，将来她要当医生或护士，因为她知道生病的痛苦，所以发愿将来要当一位好医生或好护士来照顾病人。这是小女孩当时纯洁诚挚所发的一念好心、善念，而八大福田中看病功德第一，能够发愿为病人拔除痛苦，实在是一份难得的善念。

前面提到那位九岁的女孩被送到医院时，有很多人叫她要念阿弥陀佛，要去礼佛，她都不肯；但当我去慈院看她时，她由祖母背着，委员们教她向师父说阿弥陀佛，她竟然开口说声："师父，阿弥陀佛！"大家都很高兴她终于欢喜念佛了——尽管她还是年幼的孩子，但在幼小的心灵上发了一个善念，就已经种下了善因。《法华经》说："乃至童子戏，若草木及笔，或以指爪甲，而画作佛像。"意思是说，连小孩子玩游戏时，在地上用草木或手指头画佛像，也有功德啊！因为在幼小的心灵上自然生起敬信佛僧的心念，就是入初信门。

"信为道源功德母"，初信门如果开启，诸功德即由此而生，有了信念，功德也就不断地产生，如是善因，就会有如是善果。

以上举两位小女孩有关眼疾的实例，由此更能体会眼睛是人体生命中很重要的器官。

这段经文也就是说，假如有人为了爹娘，手中拿着利刃，把眼睛挖掉，也无法回报亲恩。

佛典中有段故事——

舍利弗在过去生中想要行菩萨道，天人就化身为年轻人考验他说："我的母亲病了，需要一颗眼珠子当药引。"当时舍利弗为了要修菩萨行，所以把天下年老的人都视同自己的父母，当他听到这位年轻人这么说，便很乐意表示愿意捐出身上能用的东西，并且拿起刀子挖下自己的一颗眼珠，交给年轻人请他拿回去救母亲。

没想到年轻人说："唉呀！你这个人怎么这样性急呢？我要的是左眼不是右眼，你为什么这么快就把右眼挖了呢？"舍利弗心想，既然我的右眼都牺牲了，又怎会在乎左眼呢？因此又把左眼挖下。

这个年轻人拿着左眼，故意放在鼻子前闻一闻说："好臭、好腥啊！你一定没什么修行功力！听说有修行的人，身上的器官都会有香味，我的母亲需要的药引是修行者的眼珠，现在你的两个眼珠根本没有一点用处，腥味这么浓。"说完就把两颗眼珠往地上一丢，还故意用脚踩出声音，让对方听到。舍利弗当下觉得大乘菩萨行难修，因此退转道心，改修小乘行，直到遇见释迦牟尼佛，他还是执持小乘行，不敢进取菩萨道。

现在的医学发达，用眼睛救人（捐眼角膜）的事实的确存在。但这必须是具有慈爱心的捐赠者才做得到。以前曾经听一位母亲告诉我，她的儿子患了青光眼，等到去就医时，医师说必须移植眼角膜方能让患者重见光明。做母亲的知道了这个情形，便要求医师取出她的眼角膜给儿子。这是父母捐眼角膜给儿子的事例，至于为人子女捐眼角膜给父母的例子，就较少听闻了！

假使有人，为于爹娘，亦以利刀，割其心肝，血流遍地，不辞痛苦，经百千劫，犹不能报父母深恩。

心脏、肝脏是人体的重要器官，虽然它们所占的部位很小，但对一个人而言却不可或缺。然而为了孝敬父母，用锋利的刀子割下自己的心肝以至于血流满地，犹不惧怕身心的痛苦，如此历经百千万劫，仍然无法报答父母的深恩。

这段经文指的是，为人子女的只要能让父母高兴，即使是受到如割心挖肝的委屈也要忍耐，孝顺父母就是掏尽心髓也要在所不惜啊！

父母对子女唯有一项要求，那就是希望子女身心健康。孔子的弟子曾经问孝于孔子，孔子回道："父母唯其疾之忧。"为人父母者最担心的就是子女有病，所谓的病包括了身体和心理。让父母操心就好像是在割父母心上的肉一样，不让父母操心烦恼，就是尽孝。

现在的青少年都讲究自由，崇尚潮流，父母看在眼里，焦虑在心，他们非常害怕子女交到坏朋友，所以会关心、教导子女，但是这些关心却让子女不高兴，甚至闹得亲子之间划下了鸿沟，为了朋友宁可伤害亲子感情。

虽然如此，父母亲对子女还是抱着无限的期待；但反观为人子女的，就较少有人会因为怕父母不高兴而牺牲和朋友的交往。

经文所说的"割其心肝，血流遍地，不辞痛苦"——意思就是说即使是委屈自己、牺牲自己、痛苦得如同刀子在割心剖肝一样，也要忍耐。父母生养、爱护子女是从怀胎、出生、直到学业完成、成家立业……这段时间是多么漫长啊！即使父母亲已经一百岁了，他们还是照样担心八十岁的儿子。然而，子女能孝顺父母的时间又有多少呢？等到子女有能力奉养父母时，父母所剩的时间已不多了。所以说，即使历尽了千百劫，还是无法报尽父母恩。

假使有人，为于爹娘，百千刀戟，一时刺身，于自身中，左右出入，经百千劫，犹不能报父母深恩。

这段经文是一种譬喻，主要是在坚固我们孝顺父母的心念。

"戟"是一种兵器，类似矛一样。这段经文是说假如有人，为了父母，身体被千百支的刀枪从左边刺进去、右边穿出，或从右边刺进去、左边穿出，他还是要忍耐。然而，即使如此历经千百劫，还是无法报答父母恩。

人的身体器官是最脆弱、敏感的，受到千百支的刀枪一起刺进去，这种痛苦实在无法用言语来形容。这是一种譬喻，表示我们所处的环境不管多恶劣，为了父母，为人子女者不但要忍耐，而且必须再接再厉，向父母表达挚爱与尽孝。

假使有人，为于爹娘，打骨出髓，经百千劫，犹不能报父母深恩。

如果有人，为了父母打断了骨头，流出骨髓，遭受椎心刺骨之痛，而即使历尽了千百劫，还是无法报父母深恩啊！

所谓"打骨出髓"是描述从我们内心所生起的烦恼。

恶劣的环境有时来自外在，但也有时候是源自内心的境界，为了孝顺父母，哪怕心境再苦，也要忍耐，且要持恒久心忍耐。

假使有人，为于爹娘，吞热铁丸，经百千劫，遍身焦烂，犹不能报父母深恩。

吞热铁丸的意思也就是忍气吞声。古人说：天下没有不是的父母，即使子女的理由再充足，在父母面前也要忍气吞声，让父母安心。当然，要忍气吞声很痛苦，可是为了父母，这口气即使像吞热铁丸一样，会烫烂了喉咙和肚肠也要忍耐；但尽管做到这样的地步，还是无法回报父母恩。

我们千万不要动辄就说："我对父母已经很尽心了，我已经报答父母恩了……"也许有人会问，如果父母做事不合理的话，要怎么办呢？孔子说："事父母，几谏，见志不从，又敬不违，劳而不怨。"父母如有错误的思想和行为，为人子女的应该一次又一次地好言相劝……即使再辛劳也不埋怨。

弟子又问孔子，如果一次又一次地谏正，父母还是不听，那要怎么办呢？孔子回答："敬而孝之"，态度仍然要孝敬。其实做父母的难免也会有错误的思想和行为，但是不论父母有多少错误，为人子女者只能想办法改变他，绝对不能起厌烦不孝的心。孝是做人的根本，如果对父母都不能孝顺和忍耐，对社会上的人又如何去忍耐、如何顺从呢？总之，希望大家多多见孝思齐，普天下的长者，无不是我们的父母，我们都是佛弟子，应该有恒顺众生的心念，时时提醒自己像孝顺父母一样地对待普天之下的长者。

小时候父母是如何照顾我们？父母对子女的付出有多少呢？这些深恩难以度量，等到儿女懂事时，也应该体谅回报父母亲的慈爱关怀。

也许几十年前的背景、环境与观念，与现在大不相同，这也造成了父母与子女间的沟通障碍，但是父母疼爱子女的心，并不因为环境、背景和观念的不同而有差异。

以目前社会的自由风气而言，也许很多人会把父母的关心当作唠叨，多说一句就嫌啰嗦。现在为人父母的，在几十年前也曾为人子女，但在当时的社会，他们仍是抱着"天下没有不是的父母"的观念，不论父母怎样唠叨、管教方式如何，都能接受，不但无怨无恨，还要感恩；即使遇到不讲理的父母，做子女的仍是像吞热铁丸一样，再苦再难受也都吞下去了，而且态度仍然是那么和颜悦色。

这段经文是说，子女对父母忍气吞声的程度，即使就像吞下烧红的热铁，从体内烧烂到体外，如此长期身心的奉献，也无法回报父母深恩。

第二章·

云何报恩

尔时，大众闻佛所说父母恩德，垂泪悲泣，痛割于心，谛思无计，同发声言，深生惭愧，共白佛言：世尊！我等今者深是罪人，云何报得父母深恩？

当大众听完佛陀所说《父母恩重难报经》之后，每个人因良知不断被启发而感动得落泪，那种悲痛，就像在切心割肝一样。

由于佛陀所说的每句话，能深入闻法者的心，所以当下每个人都自我反省，但想不出有什么方法可以报答父母恩，因此大众抱着非常惭愧的心，一齐向佛陀请示："我们一再地反省，才知道自己从来就不了解父母的深恩，而且还一再地忤逆父母，真是犯了不孝的重罪。现在我们知道错了，要赶快来弥补，可是却不知道要怎样做。"

在座的弟子，有些人的父母已不在了，又应如何弥补呢？有的人即使父母还健在，但依照佛陀先前所说种种亲恩难报的譬喻，到底要如何做，才能完全报答父母恩呢？因此请佛陀慈悲开示。

佛告弟子：欲得报恩，为于父母书写此经，为于父母读诵此经，为于父母忏悔罪愆，为于父母供养三宝，为于父母受持斋戒，为于父母布施修福。若能如是，则得名为孝顺之子；不作此行，是地狱人。

佛陀用种种譬喻，让我们了解父母的深恩；甚至进一步教导我们，要用什么心态来尽孝回报父母。

报答父母恩必须要有耐心，不但折磨身心、劳动筋骨，需要忍耐；还要能化苦为乐。不过这样做是不是就能报答父母的恩情于万一呢？

佛陀说，这还不够！接下来佛陀更教导我们——不只是尽自己的力量，还要代替父母去做他们尚未做到的事。佛向弟子说："真难得你们能体会我的意思，而来忏悔！想要回报父母恩，除了前面所说的，要身体力行去做外，还要发心书写此经，使之辗转流传，影响他人。"

佛陀讲说《父母恩重难报经》，已经是两千多年前的事了；两千多年来，尽管社会环境不断变迁，但亲情伦理还是一样，乃穷千古而不变的道理。人一旦离开亲情孝道，就没有人的情理可言，这样的人和众生又有什么差别呢？

佛在世时，没有所谓的印刷术，只靠大家听法之后，凭着记忆口耳相传，直到佛陀涅槃后，才结集经典；而当时也只能用树叶、竹片记载下来，所以有"贝叶经"之称。后来人们又将经文中的每一句话，用心去研究体会，再写成一篇篇的文章，代代流传下去。

过去会写字的人不多，在缺乏文书人才的情况下，佛陀鼓励弟子们书写此经，使之流传得深广、久远，让大家都知道回报父母恩，即是书写此经的功德。也许大家会想：现在印刷很方便，不需要再书写经典，那我们要用什么方式来持续写经的功德呢？

我常说，"经"不是给我们用口念的，而是要让我们实践其中的道理；同样的，佛陀真正的用意，并不只让我们用手去写这部《父母恩重难报经》，更希望我们能用行动表现出来。就现代人来说，用身体力行，以口传诵，相信比写在纸上的功德更大！

"为于父母，读诵此经"——除了书写之外，佛陀还要弟子常常读诵经典，念兹在兹，永记于心，进而表现在行动上。一般人很容易对所犯的错"健忘"，因此一而再、再而三地犯错。有的人每天诵经拜忏，其用意是诵给"自己"听，以经忏之文来自我提醒，洗炼自己的心。

"悔"就是觉悟自己过往的错误，明白自己的缺失；"忏"是立誓未来改过自新，绝对不再犯错——忏悔的意思就是洗净自我的心。不论诵《梁皇忏》或是诵《水忏》，除了口诵耳闻，还必须经过大脑思考、省思，此即所谓"闻、思、修"，这才是真正的诵忏。孔子说过："不迁怒，不贰过。"我们要自我修持，避免犯重复的过失。

人如果不懂得好好发挥生命的功能，只当个消费者，岂不糟蹋了父母给我们的身体？会运用的人，身体是块宝，不会运用的人，终究只让这副臭皮囊变成一堆废物而已。我们该好好汲取经典，深入思考，然后付诸行动。

"为于父母，忏悔罪愆"——失之毫厘，差之千里，人生方向若有丝毫偏差，就可能造成终身遗憾，所以我们不能让罪因无尽蔓延，要及时忏悔，忏悔即清净。

我们现在很幸运地能听闻佛法，但是我们的父母并不一定有此机会，因此容易忘失清净的本性，而造了身、口、意三业。他们在不知不觉中造了业，不知忏悔，不知改过，迷迷糊糊地过一辈子；他们所做的错和所造的业，要生生世世承受，所以为人子女者应该要诚挚发心，为父母忏悔罪愆。

"为于父母，供养三宝"——三宝就是佛、法、僧。我们要知道，人世中的物质凡是看得到、摸得到的，都是有形的，许多人因为追求这些有形的物质，而造了很多的恶业。正如有很多人为了报答父母恩情，希望自己能出人头地，让父母亲扬眉吐气，所以与人争名夺利；然而却在争取的过程中，累积了无数的罪业。

世间人常美其名是为父母"争一口气"，然而争夺这些有形的东西，难道真的是在报答父母恩吗？其实，只是徒增父母的烦恼。真正要报答父母恩，就要供养三宝，因为有佛陀的开导、佛法的流传、僧伽的形象，才能让佛法在人间弘扬，开启我们的慧命，转变人心，使家庭幸福；而家庭中有了父父、子子的人伦道德，国家、社会自然和睦。所以我们应该供养三宝，以回向父母亲。

"为于父母，受持斋戒"——斋戒就是清净我们的身心。为了表示虔诚，除了内在的心念之外，还可以斋戒来规范我们外在的身形。毕竟你我都是凡夫，在复杂的环境中，如果放纵形态则难以心定，所以我们必须找一个环境或团体，给自己某些约束，以此表示那分虔诚的戒慎敬重。

很多宗教都有固定的斋戒，例如天主教、基督教，每年都有特定的斋戒日。佛教中有六斋日、十斋日，意思也就是：一个月当中以十天或六天的斋日，来调伏自我的心思。既然持斋，就一定不能犯戒，因此所谓"持十斋日"，也就是说一个月最少有十天自我警惕不犯戒。

为父母受持斋戒，也就是加强注意自我的行为礼节。孔子在举行祭典前，一定以七天的时间沐浴斋戒，每天谨守伦理，不犯身、口、意三业，以示虔诚礼敬的心。

我们学佛修行，并不是只在一天几小时的行动中不犯错就好，而是要修持到分秒瞬间都不能有错；不只是行为不能出错，心念也绝对不能偏差。人之造业犯过，都是源于不能把持一念清明；一念的时间很短暂，几乎不到一秒钟，就可能使人犯下终身遗憾的错误，所以我们必须修"戒、定、慧"，时时戒守自己的身行，常常照顾好自己的心念；如果能做到身不犯错、心无杂念，智慧自然会源源现前。

学佛必须在分秒中守好心灵的斋戒——初学者是身行的斋戒，学佛者则必须是心念的斋戒，这才是真正报答父母恩。

"为于父母，布施修福"——指的是替父母多做布施，多种福田，广结善缘。"若能如是，则得名为孝顺之子"——如果能为父母做到上面所说的：书写、诵读此经，并且忏悔罪愆、供养三宝、受持斋戒、布施修福等，这才算是孝顺的子女。

"不做此行，是地狱人"——其实孝顺父母是做人的根本道理，能把做人的根本修养做好，心就不会堕入地狱的境界；假如不顾念父母的恩情、不报答父母深恩，如此无情无义的人，又如何与人相处呢？

所以我们想报答父母恩，就必须好好地弘扬佛陀的教法，不仅口诵思惟，还要身体力行，实际做到佛说的《父母恩重难报经》，才算是孝子，否则丧失人伦道德，偏离了做人的行为，则如地狱中人。

第三章

不孝罪报

佛告阿难：不孝之人，身坏命终，堕于阿鼻无间地狱。

佛陀对阿难说："阿难啊！不孝的人，到了生命终了、身体败坏的时候，就会堕入阿鼻无间地狱中。"

每个人来到人间，都离不开生死、死生，以佛教而言，这就是分段生死。我们有永生不灭的"慧命"，也有分段生死的"身命"。永无生灭的是"慧命"，它绵延不断、不增不减；而"身命"却是以时间来分段落的，所谓的分段，指的是有些人也许有七八十年的寿命，有些人则可能是三四十年，也说不定只有三五天而已——不管时间长短，总有一天会结束一段生命。

修行者并不看重分段生死的身命，而是努力修得永生的慧命。若能好好利用身体，发好心，说好话，做好事，即能增长慧命。

"阿鼻无间地狱"——冷时如置身冰库中，热时如身处火炉内；冷热两极之间，没有让人喘息的机会。就像打铁一样，铁烤得通红，取出捶打，打完之后马上放进冰水中；随後又立刻投入火炉内。如此反复地动作，没有片刻休息。

不孝是人生万恶之源，造作万恶，一旦临命终时，就会堕入阿鼻地狱中。

此大地狱，纵广八万由旬，四面铁城，周围罗网。其地亦铁，盛火洞然，猛烈火烧，雷奔电烁。烊铜铁汁，浇灌罪人，铜狗铁蛇，恒吐烟火，焚烧煮炙，脂膏焦燃，苦痛哀哉，难堪难忍。钩竿枪槊，铁锵铁串，铁槌铁戟，剑树刀轮，如雨如云，空中而下，或斩或刺，苦罚罪人，历劫受殃，无时暂歇。

"阿鼻无间地狱"的长宽约有八万"由旬"——每由旬约或四十里，可见其宽广。

人间牢狱是用水泥钢筋建筑的，墙上围着铁网，铁网的上面还通电，这些设备都是预防犯人逃狱。而地狱的四周围是用铁做的城墙，除了铁墙之外，上面还用罗网罩住，连鸟也无法飞过。

阿鼻地狱除了城墙高广，撒下天罗地网之外，"其地亦铁，盛火洞然，猛烈火烧，雷奔电烁"——地板也是用铁铺成的，下面又有熊熊的烈火在烧。不但如此，还有雷电在四周围奔窜，隆隆的声音，让人的耳朵没有片刻的宁静。所以我们可以想象得出，关在地狱里面受罪的人，他们有多苦啊！

其实地狱的苦不只这些而已，地狱的苦是无法用人间的苦来形容的。

"烊铜铁汁，浇灌罪人，铜狗铁蛇，恒吐烟火"——在地狱中不只受到烈火烧烤，甚至还把铜熔成铜汁，灌到口中，更有铜狗、铁蛇不断吐出毒烟烈火，焚薰罪人……

现在的医院大多设有烫伤中心，遭烫伤的病患必须隔离，以免空气中的细菌感染，否则伤患一旦受到感染，皮肉便会继续腐烂。由此可以想象，皮肉一旦受到烫伤，那种椎心刺骨的痛，真是无法言喻；而地狱中人在皮肉受苦之外，内脏又被热铜汁浇灌，内外夹攻的苦，又岂是在人间所受的苦可以形容？

"焚烧煮炙，脂膏焦燃，苦痛哀哉，难堪难忍"——相信大家都有煮东西的经验，一道菜用火烤、水煮或油煎，很快就会熟烂。同样的道理，"脂膏焦燃"的意思也就是人在地狱接受火刑，热到出油成脂的程度，当然会叫痛哀号。但尽管是痛苦难堪难忍，又有什么办法呢？

"钩竿枪槊，铁锵铁串，铁锤铁戟"——地狱酷刑除了火烧油炸之外，还将人悬吊，以枪、矛等铁钩铁竿利器穿身。"铁锵"是表示铁器互相撞击所发出的声音，"串"是指共业的众生，被地狱中的长铁器串在一起。除了用铁器串成一串用火烤，烤了之后，还用铁锤敲打。铁锤铁戟都是一种刑具。

"剑树刀轮，如雨如云，空中而下"——在地狱中受到烈火烧烤，可想而知那股热气逼人的痛苦。平常人间的树下，会有石头供人坐着纳凉，地狱中的树则是利剑所造，根本找不到一丝的凉气，况且树下都是刀轮，不停地旋转，一旦靠近就被搅成肉酱。

"如雨如云"是形容刀轮不停地转动，尖刀像雨一样地落下，让人无法闪避。"或斩或刺，苦罚罪人"，意思也就是说尖刀像雨点般地落下，躲不过的就被斩断，躲得过的也会被尖刀刺伤。以这种种的酷刑，来惩罚在人间无恶不作的罪人。

地狱中的刑具无不是火和铁，火的热气使人身心痛苦，内外交攻的热气让人无法忍受，而且铁是极硬的东西，身体如遭到铁器的攻击是非常痛的。用火和铁当刑具，是表示最极端的苦刑，而且这种苦刑像下雨一样，绵绵密密，让人没有丝毫喘息的机会。

"历劫受殃，无时暂歇"——历劫是表示很久的时间，也就是说灾殃永远跟随，没有丝毫间断。

天堂地狱一念间，一个人的恶念如果不断，灾祸就会永远随身；种恶因，得恶果，因果丝毫不爽。所以我们在人间，一定要好好培养良善的心念，身行要时时刻刻谨慎，一步也错不得；假如一念差、一步错，地狱的苦难就逃不掉了。

又令更入余诸地狱，头戴火盆，铁车碾身，纵横驶过，肠肚分裂，骨肉焦烂，一日之中，千生万死。受如是苦，皆因前身五逆不孝，故获斯罪。

前面的苦刑受完之后，还必须再到其他的地狱受苦。

"头戴火盆，铁车碾身，纵横驶过，肠肚分裂，骨肉焦烂"——火盆就是铁制的洪炉，在铁炉中有熊熊的烈火。将烧红的铁炉戴在头上，多痛苦啊！不只如此，还有铁车铁轮从身上来回纵横碾过，不只肚破肠流，而且整个人都变成肉酱。

"一日之中，千生万死"——这是描述一天当中，在地狱时时死去活来，痛不欲生。

"受如是苦，皆因前身五逆不孝，故获斯罪"——为什么会受这么多苦呢？是因为过去生不孝和犯下杀父、杀母、杀阿罗汉、破坏佛寺或僧侣修行、出佛身血等五逆重罪，才会得到这样的苦报。

有很多人怨叹自己命不好、环境恶劣，常常会说："我这辈子也没做什么坏事，为什么会遭受这么多的苦难呢？"

须知这辈子所受的果报，是过去生所造的业缘引致。为人处事如果有错，就要赶快及时回头，如果不回头，就会走上不归路。所谓的不归路，就是舍了今生，来生连做人的机会都没有了。既然没有做人的机会，又会趋向哪里呢？那就很可能堕入地狱。

多数人都有一种心态："既然已经做错了，就将错就错吧！"千万不可有这种心念，昨天的错，今天赶快反省还来得及；早上的错，现在马上改过仍然可以得救。就如同有人喝了一杯酒就会醉，他想："既然已经醉了，就继续再喝吧！反正不差那一杯。"这就错了！喝一杯虽然会醉，但也只不过是面红耳赤而已，意识还可保持清醒，假如继续喝第二杯、第三杯……就不只是面红耳赤，还会乱了善良本性。

人不怕犯错，只怕犯了错而不知改过。凡夫的心是罪魁，一旦动了私心，则身被心转，就会步步陷入罪恶的深渊。如果能在恶念生起时，赶快制止，还是可以得救的。

我曾在报上看到：台中有一个抢劫集团，拥有很多枪支，他们的行动早在警方掌握之中，等到因缘成熟时，警方在他们计划犯案前将之团团包围，展开警匪枪战。歹徒终于被制伏了，其中有一个嫌犯企图跳楼逃脱，却不幸摔死。

十个匪徒九个被抓，一个死亡。十个人就有十对父母，他们的父母心中又作何感想呢？子女们的举止行为不但令他们痛不欲生，而且还终身蒙羞。

我们每个人都是父母所生，甚至有很多人都已为人父母，有哪位父母不期待子女成为社会的栋梁？可惜现在的社会，有很多陷阱会戕害青少年。

在社会上为非作歹的人，他们不考虑父母的心情和处境，这也是不孝的人，他们在生时要接受法律——人间地狱与良心的制裁；将来死了之后，也要受大苦报！

尔时，大众闻佛所说父母恩德，垂泪悲泣，告于如来："我等今者，云何报得父母深恩？"

佛告弟子："欲得报恩，为于父母造此经典，是真报得父母恩也。能造一卷，得见一佛；能造十卷，得见十佛；能造百卷，得见百佛；能造千卷，得见千佛；能造万卷，得见万佛。是等善人，造经力故，是诸佛等，常来慈护，立使其人，生身父母，得生天上，受诸快乐，离地狱苦。"

当听完佛陀所说父母对子女的恩德难报之后，每个人又忍不住流下悲切的眼泪，恳切地请示佛陀："我们要如何做，才能报答父母的深恩呢？"

虽然佛陀已经苦口婆心地分析，除了身体力行事奉父母外，还要我们以口赞诵父母恩德，并且以身作则去相互教育，但是弟子中有的已经了解，有的还无法深切体会，所以再进一步请示佛陀报答父母深恩的具体做法。

佛陀告诉弟子说："你们如果真的想报父母恩，就要虔诚地以'身行、口说'弘扬孝道。"

佛陀要弟子抄写读诵此经，无非就是教弟子不要间断人生的孝道。而想让孝道绵延不断，除了口头宣诵外，就是用笔纸抄写。因为只以口头宣诵所流传的范围较小，如用笔纸抄写，流传的时间和空间会较长远。

佛陀时代，尚未发明排版印刷，更遑论录音广播；想要听闻佛法，就必须跋涉千山万水，四处参访善知识。当时的人要听闻佛法很难，但却抱持一颗敬重的心，尽管要走很远的路，而所听闻的法也不多，但一句法进入心中，就能拳拳服膺，牢记在心，而且应用在日常生活的举手投足中，确实身体力行。

经者，道也；道者，路也。佛陀指引一条正确的道路让我们走，有句话说："一理通，万理彻"，佛陀的教法千经万论，无非是要我们以虔诚敬重的心，扫除我慢，脚踏实地去践行。

因此，就现代人来说，"造此经典"指的是要大家做到身口意三业清净，在日常生活中力行佛陀的教法，我们的身行就是道，从我们的举止动作中，让别人明白这部经的教理、真谛。

"能造一卷，得见一佛"——这是一种形容，我时常说"以佛心为己心"，只要有一念慈悲心，就有一尊佛在你心中。万法之善从孝起，我们如果时时抱着报恩的心——不只报父母恩，也要报天下众生恩；如此以佛心看人，则人人都是佛。

身体源自父精母血，若能以父母生养之身来回报一切众生，就是抱着一分清净的佛心；当佛心现前时，自然就能见到佛。

一般人听经的时候，觉得每一句都是真理，但是离开听经的地方之后，人与人之间是否能"退一步海阔天空"呢？是不是能彼此谦让而如沐春风呢？其实，我们如果时时尊重对方如佛菩萨，当下就是尊重自己如佛菩萨。我们如果能把这部经应用在日常生活中，日行一善就有一佛，行万善就有万佛；一日当中如能接连不断，分分秒秒发愿、培养善心，那么一天就有八万六千四百秒，如果能分秒不失善念，千经万律都在身体力行中，如此，我们的身行就是一部最完整的经典，也是一处最庄严的道场。

学佛就是要学佛的明心见性，然后用我们的清净本性来化度一切众生。佛和我们的心没有距离，只要我们用心亲近佛，时时用心追随佛，则佛绝不会舍离我们；只要我们以"身"力行经法，以"心"庄严自性道场，则诸佛菩萨自会时时现前。

我们要得到充分的智慧，一定要先建立人性的道德观，人性的道德观念最基本的，就是要从报恩心开始。世间什么人对我们的恩情最大？就是父母。

母亲为了生育子女而受尽十月怀胎的折磨，甚至在孩子出生那天，更历尽生命的煎熬挣扎；而父亲为了养育子女，用一生的岁月在外面辛苦奋斗，这些付出，无非是为了给家庭、子女，一个良好、安定的生活环境。

想想看，母亲对子女的恩，父亲对子女的德，这分恩德，如果我们不懂得感恩、报恩，又怎能成为最基本的学佛者呢？所以佛陀教育弟子学佛要从"孝"开始。

在经文中，佛陀说尽母亲怀孕的辛苦，也描述了父亲对子女付出的深恩重德，教导弟子如何回报父母。佛陀用种种的比喻让我们了解，听经的弟子也都非常感动，于是亟思报答父母恩。

过去的人写经是秉持修行者的心念来写，佛陀教导弟子报答父母恩就提倡书写此经。除了书写之外，还必须时时刻刻背诵；不只是背、诵，还要真正去做，做了之后才有心得。

再说为人子女者，也要为父母亲受持斋戒，我们如果有这分虔诚敬意，自然就会遵守人生的规则；有了不犯罪的心，才能使社会和乐。

尤其佛教说五戒，儒家说五常，为了父母亲，身为子女者必须力行布施修福，取诸社会，用诸社会。人，生来世间并非一部印钞票的机器，也非争名夺利的工具，既然来世间，就应该发挥人身的功能。

我们所接受的是父母和社会人群的爱，我们应该把这分力量及良能回报社会大众，这样做就是布施修福，才是名为"孝顺之子"。

在日常生活中，如能每天都抱着朝圣的那股虔诚，天堂的路就在眼前；假如心一放松，恶念一起，自然五逆恶罪都做得出来，哪能不堕地狱呢？所以天堂地狱唯在善恶一念间。

学佛的人一定要培养慈悲心，所有的慈悲心都从感恩心开始，我们要好好事奉父母、孝养父母、感恩父母，这才是学佛者至高无上的善心。父母如果还在堂上，不管过去自己有多大的过错，现在就要好好弥补悔过。我们又有多长的时间可以好好孝顺父母呢？所以，要懂得感恩、报恩，才不致有所遗憾。假如父母已不在世，就该视普天之下的老者如父母，这就是慈心、爱心。

学佛人所说的"福"，就是从爱心开始，我们有力量就应该赶快造福人群，这就是报恩心。

净化社会当务之急，是要把青少年的心理教育好，这是所有为人父母者的责任，身行教育比打骂教育更有效，如果能做到这样，家家就能幸福，社会也就能祥和。

尔时，阿难及诸大众、阿修罗、迦楼罗、紧那罗、摩睺罗伽、人非人等、天、龙、夜叉、乾闼婆及诸小王、转轮圣王，是诸大众闻佛所言，身毛皆竖，悲泣哽咽，不能自裁。

"尔时"——也就是佛陀说到父母之恩高如山、厚如大地，做子女应该如何回报父母恩的时候，阿难与其他的听经大众，立愿生生世世，即使粉身碎骨也要信受奉行。

"大众"——泛指佛陀的四众弟子。所谓四众弟子就是出家二众、在家二众。出家有比丘、比丘尼，在家有优婆塞、优婆夷。在场除了世间的人以外，还有在六道之中的阿修罗众生。

天道的阿修罗因为曾经造福，所以得享天福，但由于他们心量非常狭窄，无法包容其他的人事物，欠缺冷静的智慧，时时动无明、发脾气，所以欠缺喜乐祥和之气，因此享有天福却无天德。

人间也有阿修罗，有许多人虽然很有福报，物质富裕、环境好，但心量却很狭小，对周围的环境时时都不满意，生活得极其痛苦。

人间有阿修罗，同样的，在饿鬼道、畜生道、地狱道，也有阿修罗。

"迦楼罗、紧那罗、摩睺罗伽、人非人等"——听众当中还有诸天的乐神，也有非天的神……似人而非人，所以说人非人等。

佛陀每一次讲经说法时，除了与我们同住婆婆世界的人之外，还有人间以外的天神，另外还有"天、龙、夜叉、乾闼婆"，总共有八部的龙神众，都会受佛德感召而来闻法。

"及诸小王，转轮圣王"——除了有八部龙神外，人间在场听经的，不只是出家二众、在家二众的平民而已，还有政府的官员，和领导国家的元首及小王。

古时候国家是君王制度，王位是世袭的，父子相传，父王在位时，儿子就是小王子。转轮圣王也就是国王的意思。

把国王尊称为转轮圣王，意思是他除了用政策治民，还用宗教的教育来领导人民，用国家政策法律来规范人民，让人民不敢犯错，这是用国法政治去领导人。而宗教的教育是根本的教法，也是道德的提升，假如当政者有了宗教的信仰，在人民还没犯法之前，就能培养人民的爱心，把人性道德健全起来，这就是圣教。用德政来领导教化人民的国王，称之为转轮圣王，"转轮"就是转众生的恶念为善念，转心的法轮。

"是诸大众闻佛所言，身毛皆竖"——不管是小王子或是转轮圣王，及无量无数的天人鬼神，听了佛所说的不孝重罪和报应后，全身的寒毛都竖立起来，这是形容非常地激动。

"悲泣哽咽，不能自裁"——每个人的心都很悲切，因为有人想孝顺父母，父母却已不在了。有人过去对父母有忤逆的举动，当下都感到无比后悔。

第四章·

不违圣教信受奉行

各发愿言："我等从今，尽未来际，宁碎此身，犹如微尘，经百千劫，誓不违于如来圣教；宁以铁钩拔出其舌，长有由旬，铁犁耕之，血流成河，经百千劫，誓不违于如来圣教；宁以百千刀轮，于自身中，自由出入，誓不违于如来圣教；宁以铁网周匝缠身，经百千劫，誓不违于如来圣教；宁以剉碓斩碎其身，百千万段，皮肉筋骨悉皆零落，经百千劫，终不违于如来圣教。"

大家都悲泣得无法自已，纷纷想要发言。

"我等从今，尽未来际，宁碎此身，犹如微尘，经百千劫，誓不违于如来圣教"——在座的弟子们各自发愿："我们听佛陀说法之后，每个人都深受感动，因此，从今天开始到未来永远永远的时间，即使每生每世都粉身碎骨，遭受再多的苦难或身心的痛苦，也绝对不违背如来的教法。"

凡夫之所以造业，都是因为一念心。佛陀出现在人间，就是要调伏众生的凡夫心，不过究竟有多少人能真正得一善法而拳拳服膺呢？又有几个人听完话后，能感动得彻底改过？改过之后，又有多少人能长久维持当初那一念感动？

我们应该要有"得一善法而拳拳服膺"的心念，应该学习古修行者"誓不违于如来圣教"的精神。

有个故事说：有位满腹学问的博士买了一只驴子，付了钱之后，突然想到不妥当："现在我付钱给他，万一有一天我把驴子牵回去之后，他又要来把它带回去，那我岂不是一点保障都没有？"因此他向卖驴子的人说："我们应该来立个契约，证明你收钱、我牵驴。"卖主听了认为有理，就对他说："好吧！可是我不认识字，就由你写吧！"

博士买了一只驴子，竟然写了三大张的内容。卖主不识字，把这些内容拿去请一位商人看，商人看了，发现从头到尾都没有提到——"我付给你多少钱、你的驴子我牵回去"等字句，尽是写些卖主为什么要卖，博士为什么需要买之类的文字。

这个故事就是"博士买驴，三纸无驴"。这位卖主心想，为什么纸上不写简单些——就写某年某月某日，你付多少钱，买我的一头驴子就可以了。

诸位，不认识字的人三两句话就可以把重点说出来，交代得清清楚楚，而满腹经纶的博士，却在三张密密麻麻的内容中，表达不出一句适用的话。

我们若执著在文字相，就如"博士买驴"啊！谈了一辈子佛法的人，有些人到最后却很惶恐，不知什么是佛法。我们一辈子都跟随着法师学法，但如果在待人接物上没有一句自己可以受用的，如此的文字相又有什么用呢？无法圆融人事，这样的道理就有缺陷，也无法称为圆融的道理。

学佛并不是要钻入经藏，遗世而独立，重要的是能在日常生活中普遍地奉行，每个人听了教法之后，要发愿即使粉身碎骨，也要生生世世奉行，绝对不违背佛陀的教法。否则，佛菩萨即使再慈悲，哭干了眼泪，对众生还是无可奈何啊！

"誓"是表示立愿的意思，而且是很坚定的志愿，并不是嘴巴说说而已。释迦牟尼佛在菩提树下金刚座上立誓："我坐在这里，如果无法体悟宇宙真理，决不离开此树下。"这也是立"誓"啊！

"尽未来际，宁碎此身，犹如微尘，经百千劫"——这样长久的时间、这样坚决的志愿，绝对不会半途而废。

其实修行并不困难，难的是不肯痛下决心戒除习气，以为今天错了，明天不要错就好，明天犯错了，后天不犯就好……日复一日，永远还有犯错的时候，所以凡夫永远都没办法成圣成贤。

我们学佛，一定要学到"不贰过"，凡夫犯错是难免的，因为我们已经把所有的烦恼布满心地。

大地中不知多久以前就埋了种子，各种不同的种子在不同的季节中生长。大地的土地就如同人的心地，烦恼就如同种子，所有的烦恼，因缘成熟时即会现前。我们常说凡夫心很狭窄，只有遇到和他投缘的人，他的心量才会放宽，愿意为对方付出，但这不是彻底的慈悲，因为他的付出因人而异，还对某些人不能容纳，对某些人斤斤计较；当他对某个人无法投缘对机时，烦恼就会现前，心中的无明草就长出来了。

学佛的人应自我警惕：把大地当成心地，土地上的杂草我们都要拔除了，何况是心中的草呢？地上的草你不去拔，还会有其他人去拔；但心地的无明草自己不拔除，则无人可以代劳。所以我们应该好好反观自省，拔除自己的心草，我们烦恼的种子就像大地中隐藏的杂草种子，修行无非就是在拔除自己心中的无明草。

总而言之，必须时时照顾好我们心地的种子。心地的杂草不要让它长出来；要避免心地长杂草，就必须去掉烦恼，烦恼的种子如果拔除了，自然心地就是一片清净油绿，如此才是真正不违如来圣教。

佛弟子真正要报父母恩而行大孝，就必须从奉持如来的教法开始，如来的教法不只是报父母恩，也要报四重恩——

除了对我们有生育、养育、教育、关心、爱护的父母恩外，还有众生恩、师长恩、三宝恩，合称四重恩。

要发挥良能，需要教育，教育分两种，一种是世间法，一种是出世间法。

世间法如现在所办理的学校教育，聘请老师来教授生活上的学识技能及培养人们知恩知礼的常识，但现在的社会，有很多老师在教育孩子时都会教他们要有爱心，要孝顺父母，不是自己的东西不要占为己有……这些道理他都会说，可是却不一定能以身作则。所以社会教育会有偏差，很重要的因素之一，是因为教人者无法教育自己。

另外的一种教育是出世的教育，佛法的教育是出世法，我们要实行出世精神，必定要打好入世的基础——行为光明正大就是基础。"人"如果都做不好了，要成"佛"做"菩萨"，那是不可能的。这就如同我们要入学一样，初中基础没打好，考高中就很困难；念高中时如果不用功，上大学则比登天还难。既然大学考不上，要想当博士、教授就更不可能了。

以出世的精神，做入世的事业，这是佛陀生生世世不舍娑婆，不断倒驾慈航来人间的目的，所以称佛陀为娑婆教主。大家不要以为只有两千多年前的悉达多太子成圣成佛而已，其实在这之前，佛已经在人间来回无数劫了。

《法华经》中说得很清楚——两千多年前，佛陀去而复返，虽然只活了八十年的寿命就示灭了，其实他这一段人生的过程，也只不过是示现给大家看，让大家了解他虽然身为太子，在荣华富贵当中，却能体会富贵、名利如浮云，心心念念都系在苦难众生的身上。

众生最可怜的就是生活于颠倒、烦恼之中，因此佛陀放弃名利地位，以身作则，教人们不要贪、不要斗，要看清人生本来就是无常的，这是一种以身作则的教育。甚至他现比丘相让我们了解，人生就是因为一分痴迷情爱，所以常常过着愚痴懵懂的生活，永远堕落在六道的漩涡当中；佛陀视怨亲皆平等，辞亲割爱现出家相以度众生，这也是佛陀用自身来教育我们。

佛陀到八十岁示灭，就是要向大家宣告——佛和大家一样都是平常人，同样是父母所生的身体，同样必须依赖社会人群生活，只不过思想和看法跟一般人不同。一般人的思想，只是注意自己家庭中的几个成员而已，只放在父母、子女、家庭、名利上面，所以有时不免争取、搏斗，而佛陀的心是投注在众生群中，并不断地付出。佛陀抱着这种态度在世间生活，经过了八十年的时间，跟一般人一样会老，会病，也会死。这就是佛陀在平凡中现出他的不平凡，也是在不平凡的超然思想中，现出与众生同等平常的人生，这就是佛陀的身教，教我们要把人做好，然后提升思想、生活、智慧，这就是出世的教育。

如来的教育是这么超然，我们应该拳拳服膺，除了报师长之恩外，还要报三宝恩，如果没有三宝引导，我们的心就无法解脱，只不过在社会上学到功利竞争，无法启发我们的良知，真正发挥良能，所以我们还要报三宝恩。

父母给予子女的爱实在很多，子女应如何报答父母恩呢？佛陀讲说种种方法，除了物质孝养之外，还要从内心由衷地恭敬；除了在身行与心念对父母付出之外，更要普遍施大爱于大地众生，并且要供养三宝，不论是今生或未来世，都要有奉行圣教的心念。

"宁以铁钩，拔出其舌，长有由旬，铁犁耕之，血流成河，经百千劫，誓不违于如来圣教"——发愿修行者，应该修身、口、意三业以报父母恩。

有些人会感觉自己好像运气特别差，做事时常遇到许多障碍，其实这些障碍都是自找的——一个人如果在过去生中曾造口业，今世所听的杂音就会很多；在今生如果不小心说了不好听的话，也会惹来很多的是非。

学佛的人要修正语业，所谓"正语"，也就是要说真正的话、实在的话、诚恳的话。假如有人要我们帮他说些不实在的话，我们宁可口含铁丸，也不说一句不实之语，意思也就是宁可受苦，也不去造业。

一个人的"业"存在于过去、现在、未来，现在的业是承过去的惑（无明——不透彻道理，不去实行道）而来。由于过去生在无明当中造了业，今世因缘成熟，而产生种种不如意的果报；也由于现在的不如意，又没有因缘接触正法，就会在"业"上加"惑"，惑中再造烦恼业，所以现前的业报实在令人可畏！

佛陀的过去生也曾有"惑"。《本生经》中引述，佛陀在未修行、未成佛前，也难免有烦恼和障碍。

佛陀在世时，社会的生活条件不比现在。当初佛陀讲经的场地常常是在大自然的环境中，不论有多少人，只要有树荫的地方，大众围坐在一起，佛就开始说法了。

有一次，佛陀为了让听经的人都看得到他，所以坐在石头上，而弟子们全部席地而坐。佛陀一坐就是几个小时，等到讲完经要站起来时，因为腰背疼痛难当，竟然无法站立，只好又坐了下来！从他脸上的表情，弟子们可以体会到那分疼痛。

当时，舍利弗坐在最前面，他赶紧上前扶持佛陀站起来，佛陀脸上露出了安慰的微笑，意思也就是告诉弟子："没事了，不要担心。"

舍利弗是一位很有智慧的人，他不因看佛露出笑容就放下心来，他知道佛陀的笑容只是在安慰弟子，其实他的腰背还是疼痛不堪的。舍利弗因此问佛陀说："佛陀啊！您是大觉者，您应该具有超越一切苦痛的能力，为什么还会受这种身痛的业呢？"

佛陀伸展双脚、活动身体说："既然你们心中有此疑问，我就为你们解释吧！"佛陀说完这句话，又坐了下来说："你们听好，现在所受的一切果报，都是承过去无量劫的业报而来。虽然我已经成佛，智慧已经开启，能够透彻宇宙的真理，可是我的余业仍未除。"

佛陀说，在无量劫之前，有个小国家举行一个大祭典，国王下令大家做竞赛活动，其中有个节目是展现体力互相打斗，如同现在的摔跤一样。大家选出一位刹帝利的贵族，和另外一位婆罗门教徒，让他们对决，这些人选都孔武有力，势均力敌，而看起来婆罗门胜过刹帝利。

他们一上场，刹帝利就向婆罗门低声说："请你稍微礼让我一些，如果我胜利了，我会重金报答你。"婆罗门认为礼让一些也没有什么关系，何况又有重金要礼谢。因此正当打斗到最紧要关头时，婆罗门真的礼让一些，因此两人打成平手，都获得了国王的奖赏。

当第二回合要开赛前，刹帝利又要求婆罗门让他，婆罗门也答应了，因此由刹帝利获胜。

第一、二回合比赛完毕，刹帝利虽获得了很多的胜利奖金，但却没有一点要报答婆罗门的心意，婆罗门心中有些不舒服。在第三回合要开始前，刹帝利又向婆罗门说："在第一、二回合时你都已经礼让我了，第三回合也请你继续让我，结束后，我再一起报答你、赏赐你。"但婆罗门心中却不这么想，他认为："连续两回合都让你了，你不但未表示感谢，还要我让第三回合？"因此他只是笑一笑，没有答应。

上场后，刹帝利认为婆罗门一定会让他，但婆罗门却是有备而来，步步逼进，后来刹帝利招架不住被扑倒在地，婆罗门一手抓住刹帝利的脖子，一手抓住他的腰椎，把他抬起来；拉拉扯扯间弄断了他的腰椎，也扭断了他的脖子，然后把他摔到地上，刹帝利因而往生了。

这种比赛不管对方是伤是死，只要是赢方，就是英雄。

佛陀说完这件事时向弟子说明："那位婆罗门就是我，刹帝利也就是提婆达多。我过去生因一时的无明，对提婆达多下毒手，所以无量劫以来，不管我到哪里，提婆达多的怨气总是跟随着我，如影随形般到处都有他报复我的业障。"佛陀说："现在我的腰椎疼痛，那是因为余业未尽。"

佛陀提及他过去生中与提婆达多的过节，也只不过是要告诉弟子们，他虽已开悟证果，但因过去的无明，造成今生的业报现前。过去生中既然已造了业，今日他也只有欢喜受报啊!

现在遭受种种的不如意,是过去无明所造的业,我们千万不要因为现在的不如意而再造身口意业。学佛就是学习不再造恶业,以免未来再遭受果报。

《法华经》中,曾提到不要轻易赞叹别人的好,也不要动不动就说别人的过错。为什么不要轻易赞叹别人的好呢?有时候随意赞叹别人也会发生问题,因为不知道对方到底对不对,有没有这么好,万一误导别人盲从也不好。

所以我们一定要深入了解别人的好或不好,是否确实值得我们赞叹,以免造成错误,这是佛陀对我们的教育。

以我个人来说,我对别人没有完全了解之前,绝对不会轻易去赞叹他,因为如果不分好坏随意赞叹,那等于是自己迷惑了,而且也不够诚恳。自己迷惑还去诱导别人跟着迷惑,那真是一件很危险的事;反之,我也绝对不去说对方不好,要知道话一出口,若是说错了,则无论怎么弥补、怎么修饰,也不一定能挽回自己造的口业。所以经文说:"宁以铁钩,拔出其舌,长有由旬,铁犁耕之,血流成河,经百千劫,誓不违于如来圣教。"

这段经文的意思是要我们守好口业,无论遭受再大的苦,我们也要报答父母恩情。即使把我们的舌头用铁钩钩出来,拉到四十里长,而且用铁犁从上面犁开割破,所流的血成了一条河，经过了无可算计的时间，再怎么痛苦，也不敢向父母说一句不好听的话，绝对不敢违背佛陀的教诲。

"宁以百千刀轮，于自身中，自由出入，誓不违于如来圣教。"——不只是舌头，即使在我身上，用千百支刀组成的刀轮辗转穿插，虽然身心遭受的痛苦万般难耐，也不敢违背佛陀教育，仍会时时对父母保持应有的恭敬形态。

"宁以铁网周匝缠身，经百千劫，誓不违于如来圣教"——即使全身被铁丝网网住，刺痛不已，经过百千劫的时间，也不敢违背佛陀的教育。这意思也就是：不管环境多恶劣，也心甘情愿孝顺父母，绝对不敢有一丝丝违背佛陀的教育。

"宁以剉碓斩碎其身，百千万段，皮肉筋骨悉皆零落，经百千劫，终不违于如来圣教"——我愿意全身被横切直斩或是被剉、被割，直到皮肉和筋骨分成一段段、一块块地散开来，即使如此经过了百千劫的长时间，也心甘情愿，不敢违背如来的圣教。

凡夫都是带业而来，承过去生的业因，于今世人群中互相造缘，有了过去的因，才会有现在的果，现在的果加上现在的缘，将来的业报仍是绵延不绝，如是因缘果报，相互循环。

我们与父母不管是因于好缘或是恶缘，都要很欢喜地感恩报恩。

尔时，阿难从于坐中安详而起，白佛言："世尊，此经当何名之？云何奉持？"佛告阿难："此经名为《父母恩重难报经》，以是名字，汝当奉持！"尔时，大众、天人、阿修罗等，闻佛所说，皆大欢喜，信受奉行，作礼而退。

佛陀开示完毕，在座的弟子将内心的感动化为最诚恳的忏悔，立愿永不违背如来圣教，所以阿难站起来请问佛陀说："佛陀啊！这部经典要称为什么经呢？我们要如何把这部经的精神流传下去？又要如何来奉持这部经呢？"

佛陀对阿难说："既然你们要知道这部经的名字，那我就把它命名为《父母恩重难报经》，此后你们一听到这部经的名字，就要好好奉持，而且要很恭敬地依照这部经的方法去实行孝道。你们要感念母亲十月怀胎的辛苦，以及父亲用心教养我们的恩德，以后听到这部经的名字，就要懂得知恩报恩。"

这时候除了比丘、比丘尼、优婆塞、优婆夷等佛的四众弟子外，还有在场的天龙八部、人、非人等，听完了佛陀所说的《父母恩重难报经》后，都很欢喜，立誓立愿要按照佛陀的教法去实行，他们欢喜立愿之后就作礼而退。

天下没有不散的筵席，何况是听经说法呢？话已说完，听的人又已明白，当然大家都高高兴兴地向佛陀顶礼，而后退席。

众生皆我父母眷属

《父母恩重难报经》到此全部结束，希望大家在听闻此经后，能及时把握因缘孝敬父母，为人子女者要避免"子欲养而亲不待"，应及时孝顺父母；并且要发挥大孝——视普天之下老者皆如我父母，年纪相当的就像自己的兄弟姊妹，年幼者如同自己的子女。

大家必须知道，今生此世和我们相处在一起的人，都在过去无量劫当中与我们互为父母、子女，现在我们对人人好，也就是在对人人行孝道，任何一个对象，都可能是我们过去生中的父母，也可能是未来生中的父母，所以我们要好好广结善缘，抱持这分孝敬所有天下众生的心念。不管是出家或在家，孝道同样是不可抹灭的啊！

希望大家以《父母恩重难报经》作为我们日常生活的教法，如此就能人圆、事圆、理也圆，皆大欢喜！